100

卓越手绘
城市规划快题设计100例

覃永晖　陈炼　管益敏　编著

华中科技大学出版社
http://www.hustp.com
中国·武汉

图书在版编目(CIP)数据

城市规划快题设计100例 / 覃永晖，陈炼，管益敏编著.－武汉 ：华中科技大学出版社，2019.7
（卓越手绘）
ISBN 978－7－5680－5143－9

Ⅰ．①城… Ⅱ．①覃… ②陈… ③管… Ⅲ．①城市规划－建筑设计 Ⅳ．①TU984

中国版本图书馆CIP数据核字(2019)第070881号

城市规划快题设计100例　　　　　　　　　　覃永晖　陈 炼　管益敏　编著
CHENGSHI GUIHUA KUAITI SHEJI 100 LI

出版发行：华中科技大学出版社（中国·武汉）　　　　电话：（027）81321913
　　　　　武汉市东湖新技术开发区华工科技园　　　　　邮编：　430223
出 版 人：阮海洪

责任编辑：周怡露　　　　　　　　　　　　　　　　责任监印：朱　玢
责任校对：周怡露　　　　　　　　　　　　　　　　装帧设计：张　靖

印　　刷：武汉市金港彩印有限公司
开　　本：880 mm×1230 mm　　1/16
印　　张：12
字　　数：115千字
版　　次：2019年7月第1版第1次印刷
定　　价：78.00元

投稿热线：（027)81339688
本书若有印装质量问题，请向出版社营销中心调换
全国免费服务热线：400-6679-118　竭诚为您服务

前　言

随着城乡规划教育体系的逐步完善，作为其重要表达手段的快题设计已经成为各大高校设计类专业研究生入学考试、设计院入职测试的必考科目。这是考核设计工作者基本素质和能力的重要手段，同时也是出国留学（设计类）所需的基本技能。本教材顺应学科发展的需求，提炼了 100 个代表性案例，为城乡规划专业及相关专业工作、学习的专业人员提供重要参考资料。

该教材由湖南文理学院（第一单位）、长沙卓越设计教育机构（第二单位）联合编写，华中科技大学出版社出版。教材主要针对目前我国城乡规划专业及相关专业的普遍课程设置情况及教学特点，安排了八部分内容。第一部分为城市规划快题设计及表现概述，主要包括城市规划快题设计、透视理论及快速表现技法。目的是让读者在进入快题设计学习之前，先对基本概念及运用范围等问题进行了解。第二部分是城市规划快题设计基础知识储备，主要包括理论基础知识、场地基础、建筑基础、规划结构基础，目的是让读者熟悉快题设计的原则。第三部分是居住小区规划设计，主要包括基本介绍和居住小区快题考试重点，目的是结合居住小区快题实例的展示，让读者有的放矢地学习。第四部分是城市重点地段规划设计，主要包括基本介绍和城市重点地段快题考试重点，目的是对城市重点地段快题设计进行解剖分析，让读者能清晰地了解快题设计中的细节及制图规范。第五部分是园区规划设计，主要包括校园和工业园区，目的是结合园区规划规范及特点对快题设计实例进行分析，以提高读者对该类

快题设计要点的把握能力。第六部分是城市历史地段及旧城改造，主要包括基本介绍和设计要点，目的是结合城市历史地段及旧城改造案例分析，提高读者对该类课题快题设计的认识能力及操作能力。第七部分是优秀快题案例解析，结合考研及工作应试等对城市规划快题设计进行深入剖析。第八部分是一些快题赏析。

负责编写各章节内容的执笔人分别为：第一部分 1 ～ 2 节为覃永晖（湖南文理学院，教授）；第二部分 1 ～ 2 节为管益敏（湖南文理学院，副教授）；3 ～ 4 节为陈炼（长沙卓越设计教育机构，硕士）；第三部分 1 ～ 2 节为王晶（湖南文理学院，讲师）；第四部分 1 ～ 2 节为覃永晖（湖南文理学院，教授）、陈炼（长沙卓越设计教育机构，硕士）；第五部分 1 ～ 2 节为吕律谱（长沙卓越设计教育机构）、王新燕（长沙卓越设计教育机构，硕士）；第六部分 1 ～ 2 节为覃永晖（湖南文理学院，教授）、管益敏（湖南文理学院，副教授）。第七部分覃永晖（湖南文理学院，教授）、胡智华（长沙卓越设计教育机构，博士）。

本书主要针对各大高校、城乡专业单位应试，考研深造及相关设计类从业人员编写。在该教材编写过程中，得到了湖南文理学院、长沙卓越设计教育机构和华中科技大学出版社的大力支持，这是完成教材编写的重要力量，在此衷心感谢。

同样，对于教材内容及编写方面存在的不足，也恳请大家不吝赐教。

目　录

第 1 章

城市规划快题
设计及表现
概述

1.1 城市规划快题设计

1. 什么是城市规划快题设计

城市规划快题有其显著的特点，由于考试时间、规模、深度限制，一般只涉及详细规划、城市范畴的部分内容。城市规划快题设计有别于景观设计和建筑设计，更注重整体的设计理念，而不是拘泥于对细部的刻画。规划快题强调有重点、有层次地组织空间，强调三维的城市空间，而非二维的平面设计。同时，它也不同于平时的规划设计课程，需要设计者在有限的时间内，通过对规划设计条件的综合分析，进行快速构思、合理的空间组织与手绘表达。城市规划快题设计既注重设计者的专业综合能力，也需要一定的表达技巧。也就是说，设计课程好的学生快题不一定能得高分，中间需要一个连接，即快题思维。

所谓快题思维，即运用所学的规划理论及相关的专业技术基础知识，通过反复练习和总结，在很短的时间内学习并掌握分析问题与解决问题的能力，并且将设计成果快速、完整地表达出来。因此，我们要在有限的时间内提高效率，有的放矢，抓大放小，突出重点。

毋庸置疑，扎实的专业基础知识是关键。专业基础知识不牢，很可能出现我们常说的"硬伤"。在规定的条件与时间内，设计者需要充分调动已储备的专业知识，来寻求符合题意的最佳方案。

2. 城市规划快题设计的要求

(1) 图纸内容。

"三图三文"，其中"三图"是指平面图、鸟瞰图、分析图；"三文"是指标题、设计说明、经济技术指标。

(2) 能力要求。

① 综合分析能力。

设计者要具备一定的综合分析能力，从已给出的现状基础资料中，提炼关键信息，抓住设计重点，从而理解题意。任何一个设计都是特殊的，需要结合特定的环境展开，比如项目区位、周边环境、自然条件、城市定位等，在设计前务必仔细阅读题目并理解题意。

② 快速构思方案。

一个完整的方案构思需要考虑用地功能布局、道路交通组织、建筑群体空间与外部景观环境的整体塑造。方案构思不仅要"快"，还要"准"，即快速而有效地契合题意，抓住要点并突出设计特色。

③ 场地、空间意识。

尺度对设计者而言，是最基本的设计语言，反映在规划快题上的场地、空间意识更是如此。场地意识要求设计者在进行规划设计时，重视基地、四周用地与环境之间的整体关系，合理、和谐地衔接相关要素。空间意识，要求设计者注重人性化的设计，把人的活动放在首位来组织用地空间布局，规划快题的比例一般为 1 ：1000（也有 1 ：500、1 ：2000），因此在设计中，要尤为注意空间感，避免尺度失衡。

④ 快速图纸表现力。

正确、完整、清晰地表达设计成果很重要。图纸效果是设计成果的直观表达，良好的手绘效果能更好地表达设计者的设计意图，同时给人以赏心悦目的感受，对设计来说无疑会锦上添花。

3. 如何做城市规划快题设计

(1) 设计任务分析。

仔细阅读设计任务书，了解快题设计题目的条件与要求。设计任务书中的文字、数据、图纸是项目设计的重要依据，它会直接或间接地告知你项目的重要信息，如上层次规划的要求、项目定位、区位功能、周边环境等。要善于捕捉任务书中的关键点，对于题目中出现的容积率、建筑密度等数字要具备一定的敏感度，有一个基本的判别尺度。例如，校园建筑容积率一般在 0.6 ~ 0.8，多层住宅容积率一般在 0.8 ~ 1.4 等。通过对设计任务书的综合分析，实现项目的定性、定量分析。前期要仔细分析设计任务书，否则将前功尽弃。

(2) 解读基地条件。

基地周边道路、用地情况等因素将直接影响项目功能分区和道路交通组织，因此务必要认真解读基地现状条件，包括自然环境、交通状况、土地使用情况、人流分布等。地形地貌与场地的竖向设计密切相关，会直接影响建筑的总体布局和开放空间的布置。在规划设计中应充分利用并结合特殊地貌与地面坡度，尊重场地的自然条件，塑造空间特色。规划设计者要善于从区域的角度看待城市，从城市的角度分析地块。从外部环境入手，形成合理的规划构思。

(3) 规划构思要点。

规划结构清晰，主次分明，明确主要功能分区、道路交通系统、绿化景观系统等方面是规划构思的要点。结构的清晰有序主要依赖于合理的用地功能组织、便捷的交通联系以及连续而有特色的绿地景观系统规划。在整个规划设计过程中，规划结构是基本骨架，它是联系各个功能用地的系统组织，在规划构思过程中，要求设计者具有全局观念，将组成规划的各子系统统一成一个整体。

(4) 空间布局要点。

确定规划结构后，就要进行建筑群体空间布局和开放空间环境设计，按其功能关系组织建筑布局，并结合空间形态进行空间环境设计，确立主要的景观轴线和景观节点，创造宜人的外部空间环境。这里涉及一个"图"与"底"的关系，在我们的设计中，往往更容易关注作为"图"的建筑实体，而忽略对作为"底"的外部空间、道路、绿化等的处理。然而通过建筑围合而成的外部空间环境恰恰是构成丰富、富有特色的人际交往活动空间的关键。

(5) 设计时间分配。

城市规划快题设计目前主要有 3h 和 6h 两种考试类型，绝大多数学校以六小时为主。不同类型的快题，在地块大小、设计深度以及时间的分配上都有所不同，因此在复习备考的过程中，应注意对时间的把握。

任务		审题	构思	总平面图	鸟瞰图	分析图＋文字	检查
基本内容		分析任务书，明确重点，项目定位	规划结构、基本形态	建筑、道路、场地、绿化等的绘制，出入口、建筑名称、层数等相关标注	建筑、道路、绿化空间的鸟瞰表达，突出轴线、空间形态	功能分区图、道路交通图、绿化系统图等，经济技术指标和标题	三图三字、指北针、相关标注的检查
快题类型	6h	20 ~ 30min	30 ~ 40min	2.5 ~ 3h	40 ~ 60min	30min	20 ~ 30min
	3h	15 ~ 20min	15 ~ 25min	1 ~ 1.5h	30min	20min	10min

1.2 透视理论及快速表现技法

1. 透视理论方法

对于规划手绘，大多会使用鸟瞰的视角，所以我们在训练中只需要大量练习这个视角。

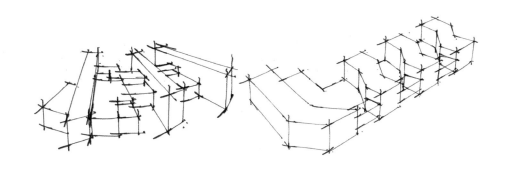

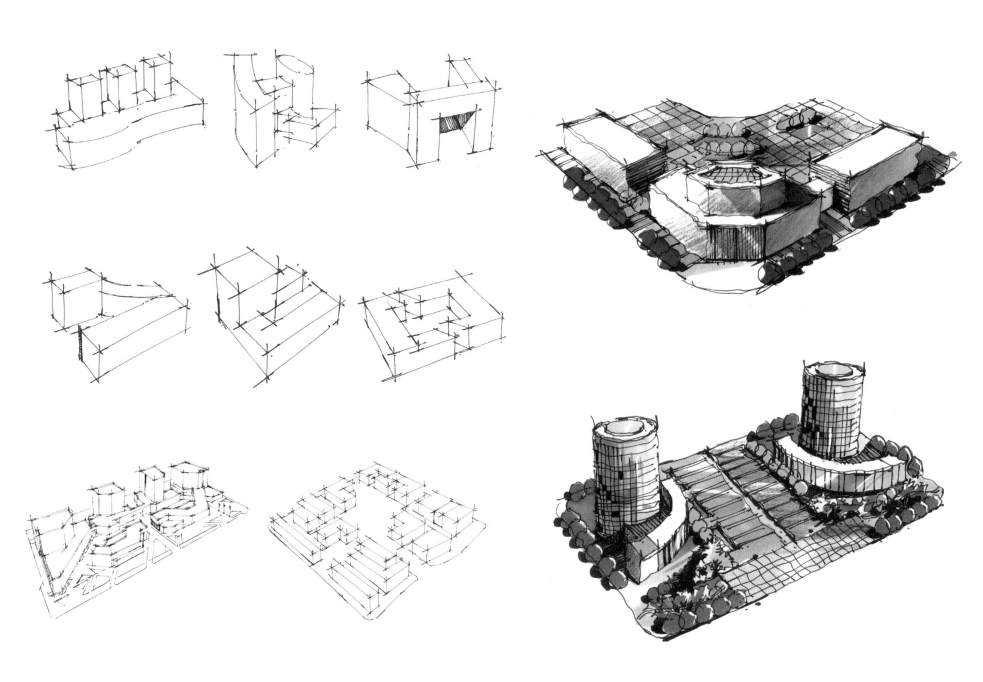

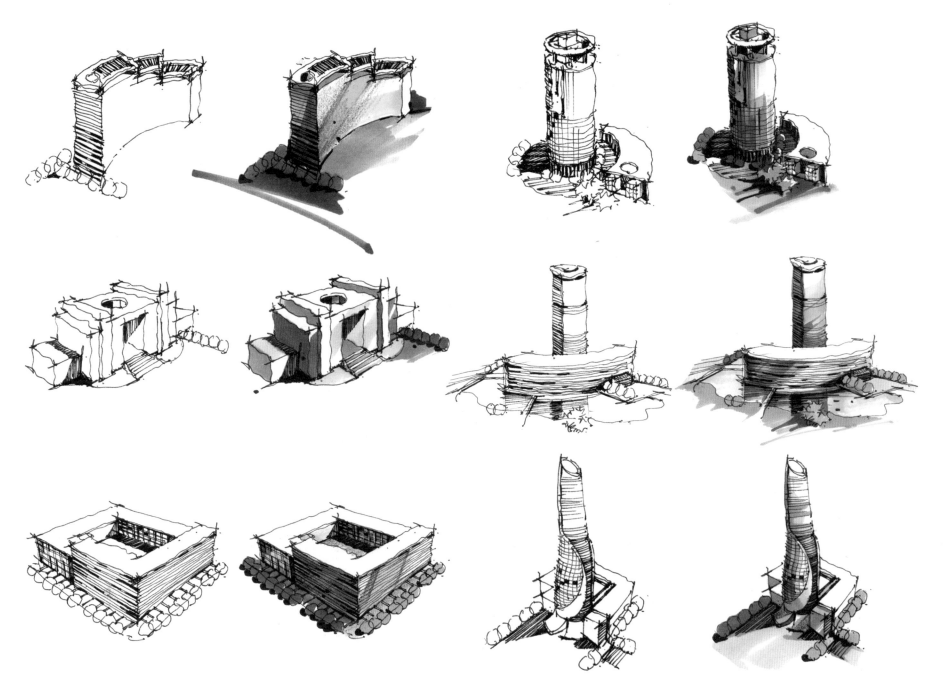

2. 平面转鸟瞰

　　鸟瞰图是根据透视原理，用高视点透视法从高处某一点俯视地面起伏绘制成的立体图，它可以立体、直观地表现出整个场地的大关系。

　　绘制鸟瞰图的重点是把握好整体透视关系，而后绘制重点区域，如出入口、水体和主要节点，次要设计内容可以简略表达。

　　（1）先选定好一张平面图。

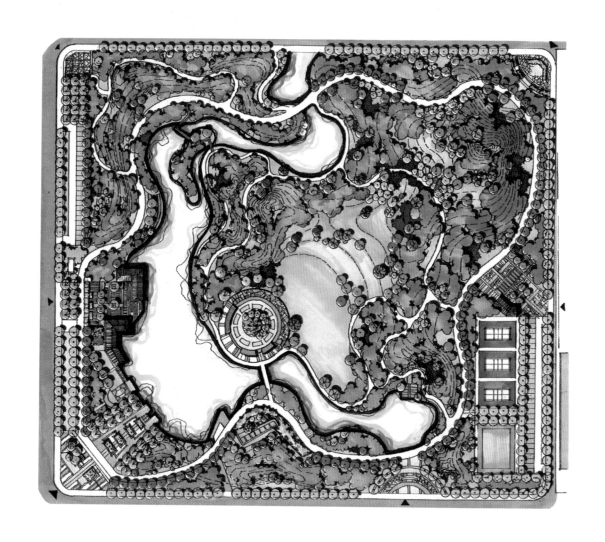

（2）然后将平面图放在桌面上转化成鸟瞰图。

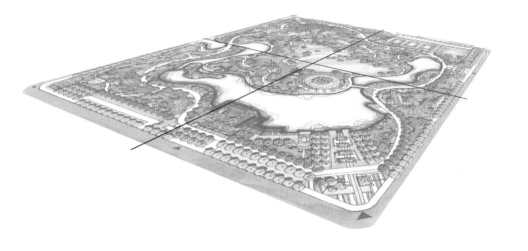

（3）将平面图的物体垂直向上画出高度体积。

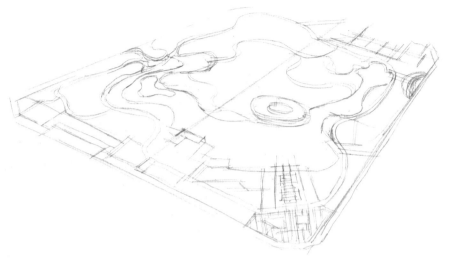

（4）绘制出线稿及阴影部分。

（5）最后用马克笔上色，笔法要简洁，色彩要清晰。

（6）可以根据教材上的样图进行练习。

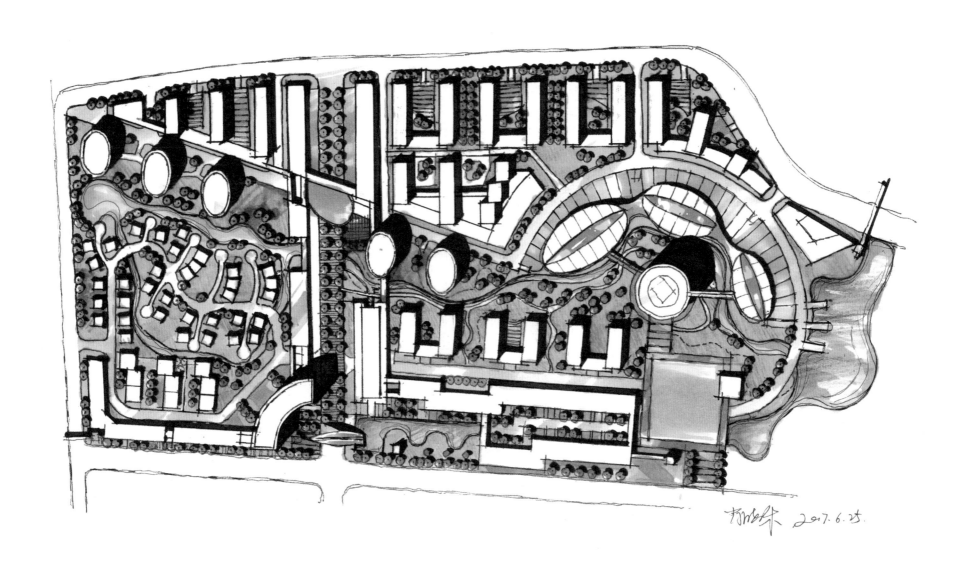

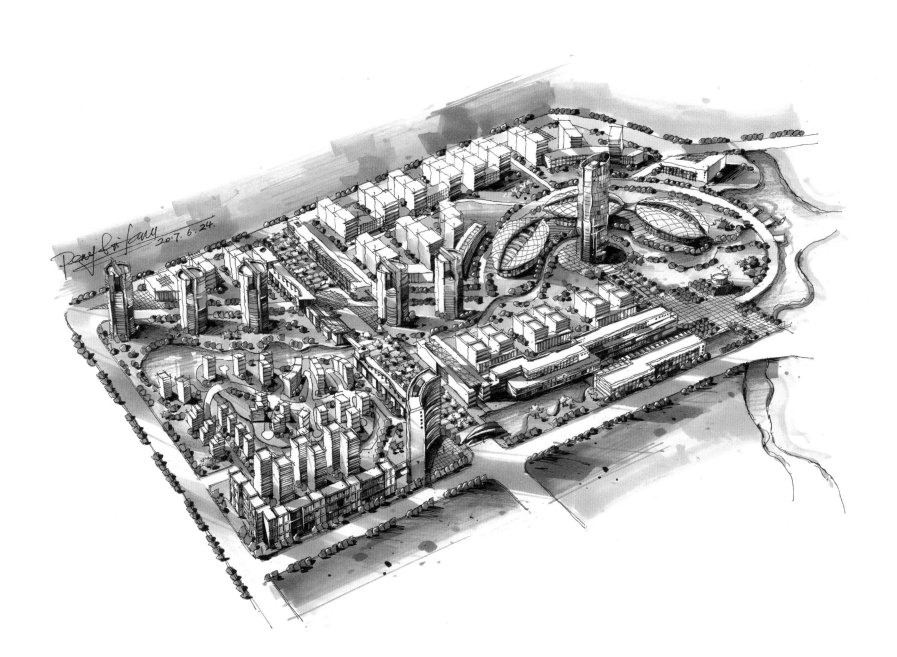

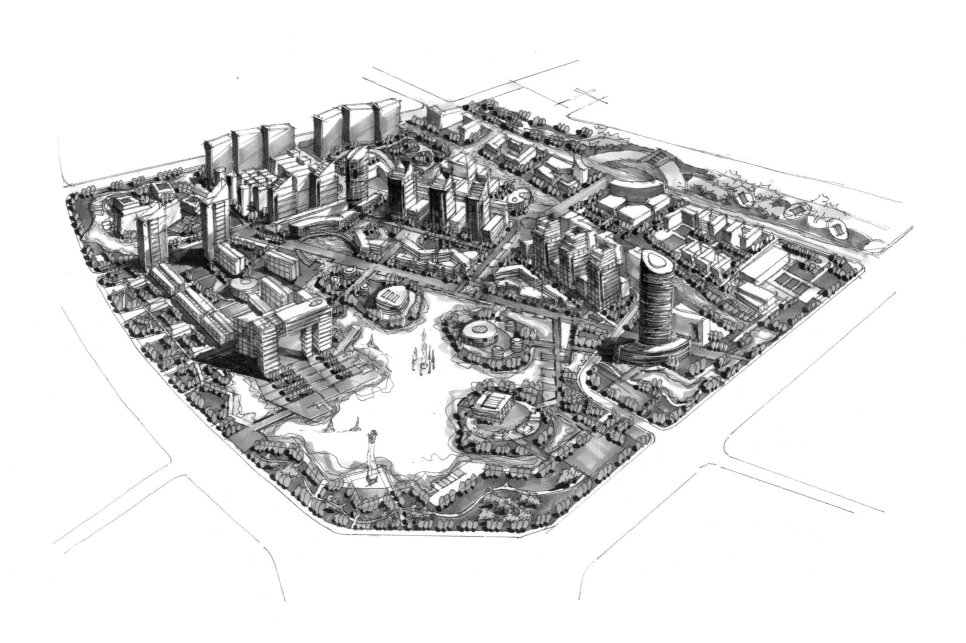

11

3. 总平面表现

平面图里包含了设计者设计构思、场地规划、节点处理等内容，是所有图纸中最重要的部分。应着重注意平面制图的规范性和尺度比例问题。想要做到这些，除了设计者自身有较强的绘图功底之外，还需要设计者平时有良好的绘图习惯，并辅以大量的方案练习和积累。绘制平面图常用的绘图工具有彩铅、马克笔、针管笔、水彩等，但是由于快题考试时间较短，而水彩的前期准备时间较长，所以在快题考试中不常使用。对于快题的平面图绘制，我们通常会使用针管笔加马克笔的绘图方法。

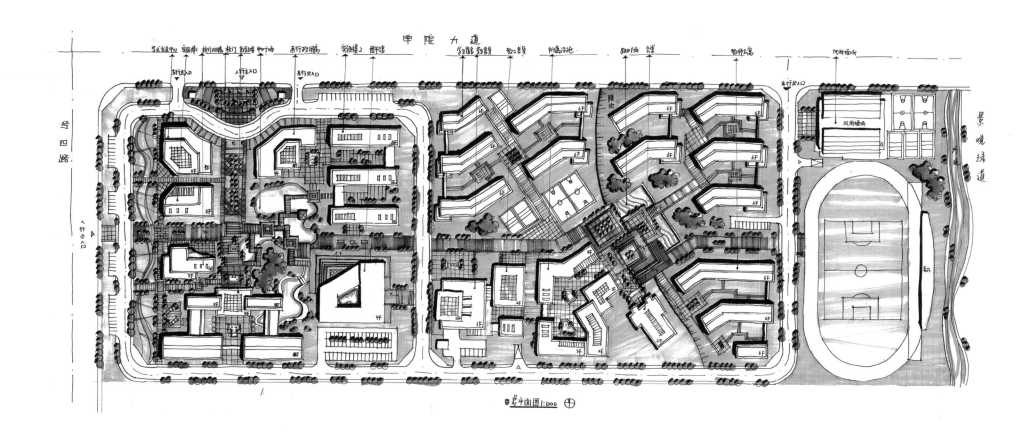

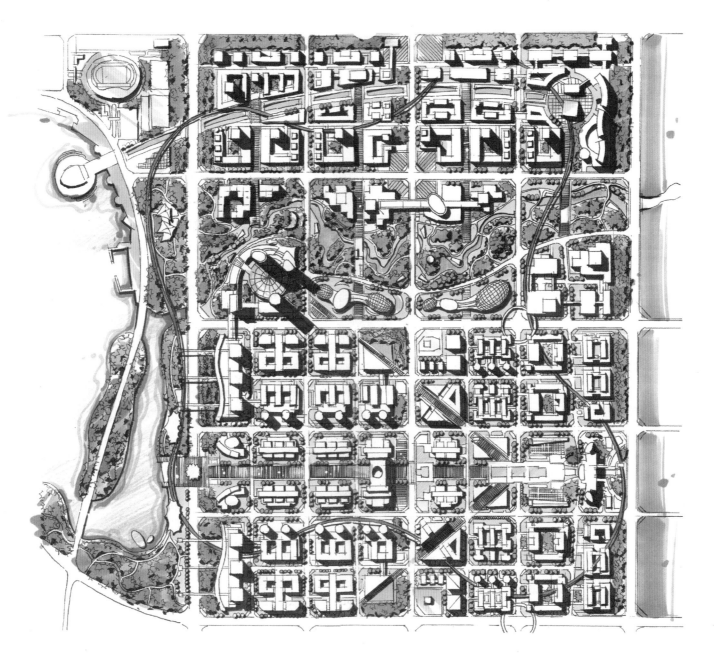

13

4. 鸟瞰图表现

　　鸟瞰图表现可分为简单鸟瞰图和细致鸟瞰图。

　　简单鸟瞰图是快速表现的一种体现。只要大体上把场地的体量、道路系统、基本的色彩搭配表达清楚就可以了。

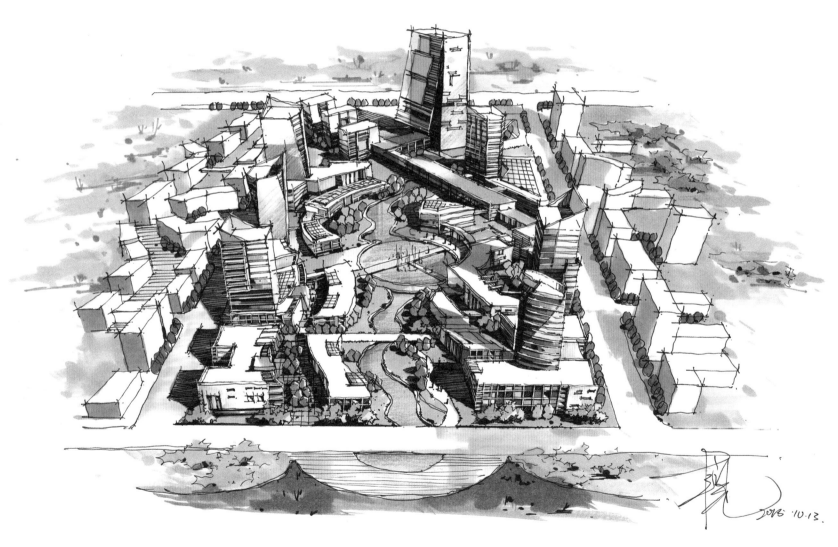

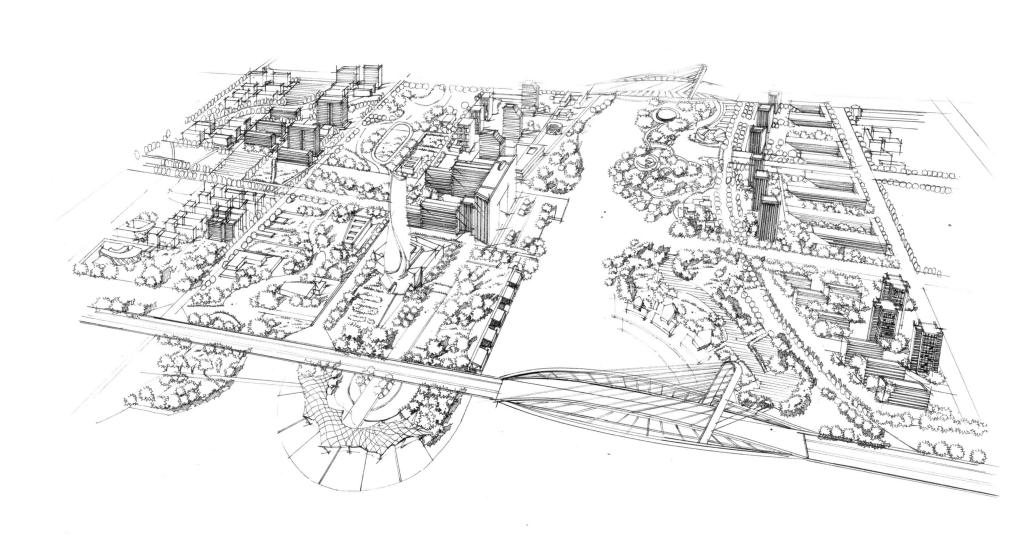

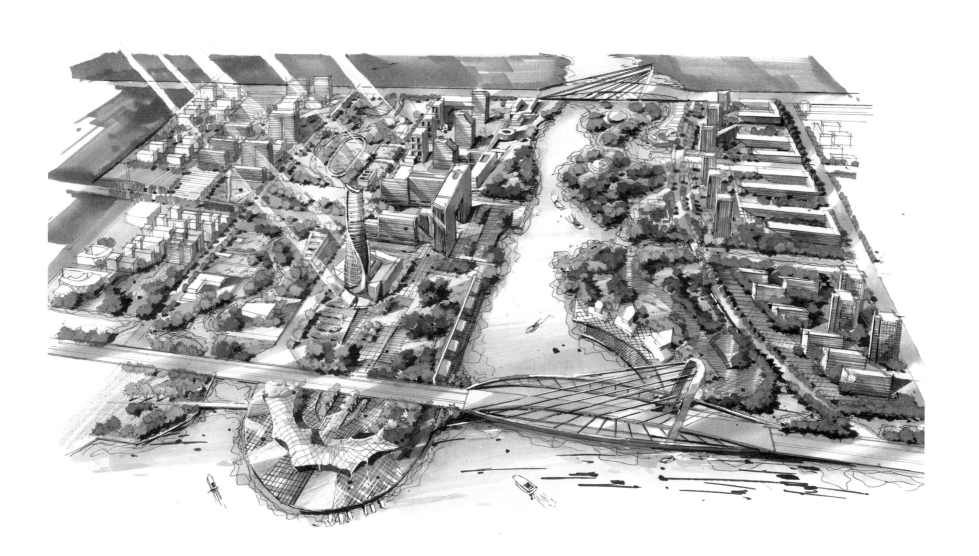

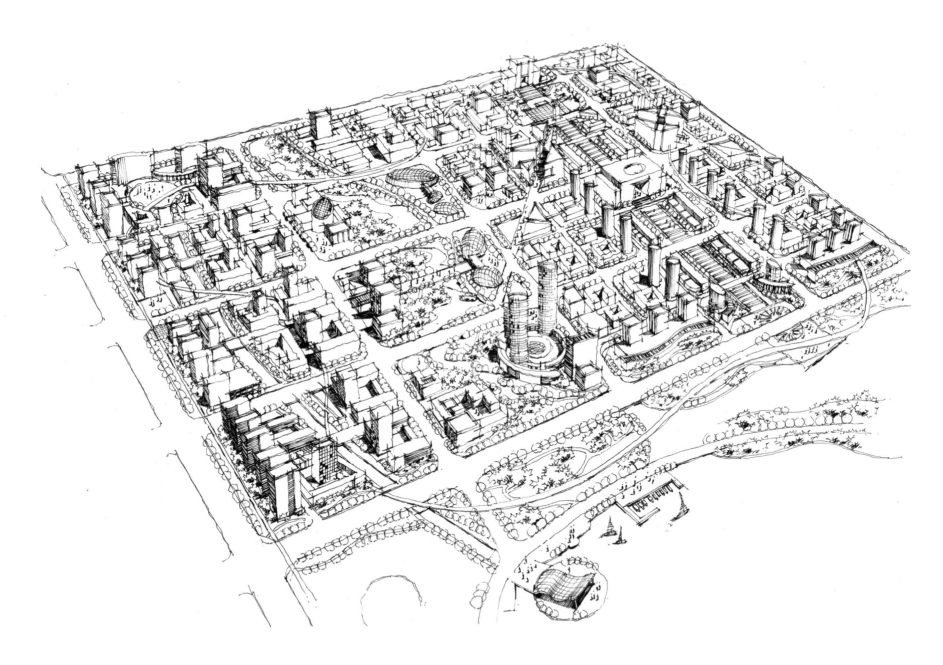

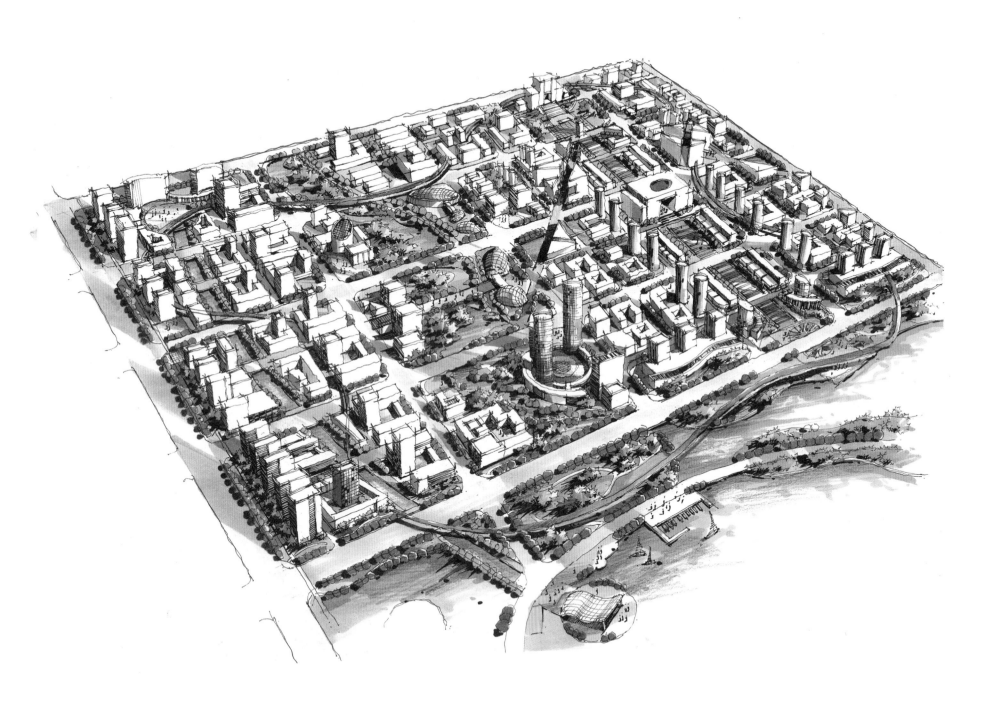

细致鸟瞰图主要是用来表现效果的，更具有艺术性。在细节和光感的处理及
色彩表现方面要求更高。

5. 分析图表现

　　分析图是为了把握场地现状特点、功能需求、解读概念与形式转换的可能性。通过分析，设计者可以对复杂多样的区域进行梳理，快速把握主要特点和问题，以便对场地进行有效组织。

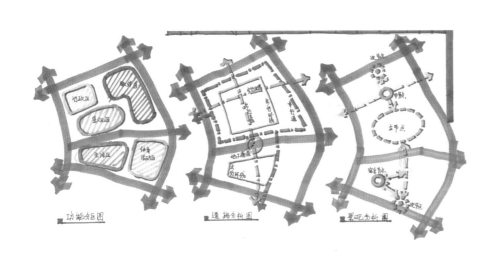

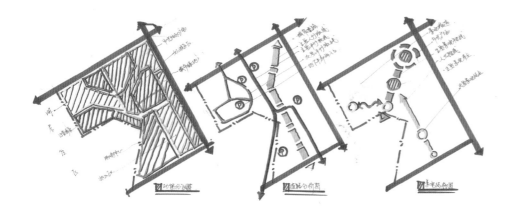

6. 整体版面布局

　　在规划快题的过程中，平面图布局的占比很大，通常在画面中占据最大的面积和最醒目的位置。常见的构图有以下几种。

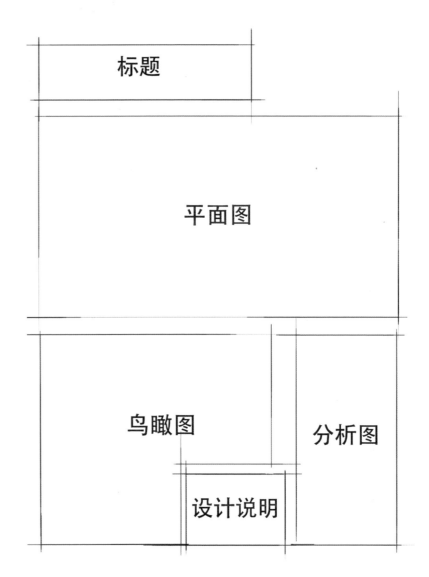

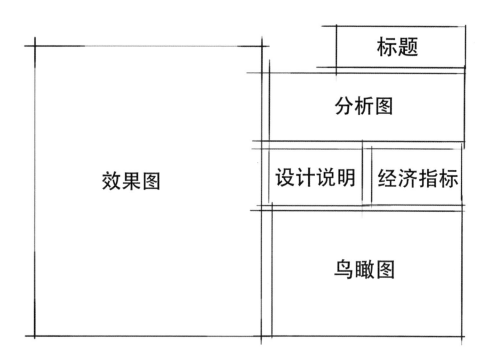

效果图

标题

分析图

设计说明　经济指标

鸟瞰图

标题

鸟瞰图

设计说明

平面图

鸟瞰图

标题

设计说明

平面图

分析图

鸟瞰图

第 2 章

城市规划快题
设计基础知识

2.1 理论基础知识

1. 风象

　　风象由风向、风速、风级组成。

　　风向：风吹来的方向，一般用 8 或 16 个方位来表示，包括风向频率和风玫瑰图。

　　风玫瑰图：将各个方位的风向频率按比例绘制在方向坐标图上所形成的闭合折线。风玫瑰图上表示的风的吹向（即风的来向），是指从外面向中心的方向。

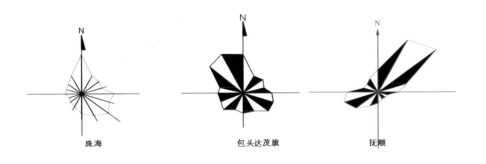

珠海　　　　　　包头达茂旗　　　　　　抚顺

2. 日照间距

　　以房屋长边向阳，朝向正南，正午太阳照到后排房屋底层窗台为依据计算

　　由图可知：$\tan h=(H-H_1)/D$；日照间距应为：$D=(H-H_1)/\tan h$。

　　式中：h——太阳高度角；

　　H——前幢房屋女儿墙顶面至地面高度；

　　H_1——后幢房屋窗台至地面高度 (根据现行设计规范，一般 H_1 取值为 0.9m，$H_1>0.9m$ 时，仍按照 0.9m 取值)。

　　实际应用中，常将 D 换算成其与 H 的比值，即日照间距系数（即日照系数 $=D/(H-H_1)$，以便于根据不同建筑高度算出相同地区、相同条件下的建筑日照间距。

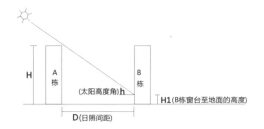

3. 常用技术经济指标

　　城市规划快题中技术经济指标的计算不必太精确，但要基本正确。根据任务书中给出的基本参数，再通过简单的运算，能够大致判断出其对应的空间形态。技术经济指标是一个量化的指标，是检验方案经济性与合理性的依据之一。快题中常用的技术经济指标及其计算方法如下。

　　总建筑面积：规划总用地上拥有的各类建筑的建筑面积总和。单位采用万平方米。

　　容积率（又称建筑面积毛密度）：建筑物地上总建筑面积与规划用地面积的比值（FAR= 总建筑面积 / 总用地面积）。(注：这里的总建筑面积是指地上建筑面积，不包括作为设备、车库的地下建筑面积。)

　　容积率是衡量建设用地使用强度的一项重要指标，在快题设计中尤为重要。设计者要掌握一些基本快题类型容积率的经验值。

　　住区容积率：别墅区为 0.3；纯板式多层为 0.8 ~ 1.4；高层为 1.6 ~ 2.0。中心区容积率为 2.0 以上，中央商务区甚至达到 3.0 ~ 5.0。大学容积率为 0.6 ~ 0.8。

　　建筑密度：总规划用地内，各类建筑的基底总面积与总用地面积的比率，建筑密度 = 建筑基底面积 / 总用地面积，单位为 %。

　　住区建筑密度的经验值：别墅区建筑密度一般为 5% ~ 10%；纯板式多层建筑密度一般为 20% ~ 25%；纯小高层、纯高层建筑密度一般为 15% ~ 20%。中心区建筑密度一般为 30% ~ 40%，大学建筑密度为 20% ~ 30%。

绿地率：规划用地内各类绿地面积的总和与总用地面积的比率，单位为％。

住宅区的绿地率要求：新区建设不应低于 30％，旧区改建不宜低于 25％。

中心区绿地率一般为 20％ ～ 30％，大学校区绿地率一般为 40％ 左右。

停车位：主要包括地面停车和地下停车。住区停车位一般按 0.8 ～ 1 车位 / 户的标准，住区内地面停车率（居住区内居民汽车的停车位数量与居住户数的比率）不宜超过 10％。中心区按每 100m² 建筑面积大于等于 0.4 车位的标准计算。大学校区按每 100m² 建筑面积 0.5 车位的标准计算，且一般为地面停车。

4. 常用场地尺寸

（1）400m 标准跑道图。

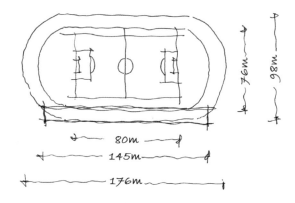

（2）200m 标准跑道图。

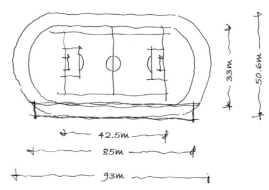

（3）标准篮球场图。

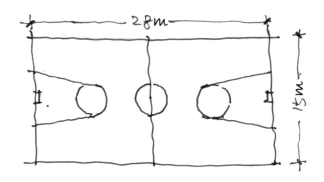

（4）羽毛球场。

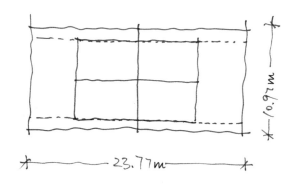

（5）排球场图。

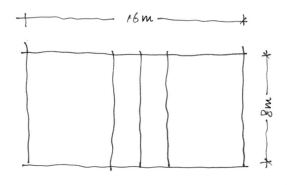

（6）标准网球场图。

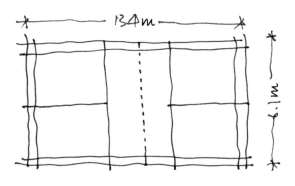

2.2 场地基础

1. 用地范围

（1）用地面积。

用地面积，即建设用地面积，是指城市规划行政部门确定的，由建设用地边界线所围合的用地水平投影面积，包括原有建设用地面积及新征（占）建设用地面积，不含代征用地的面积（规划用地红线围合的面积，是确定容积率、建筑密度、人口容量所依据的面积）。

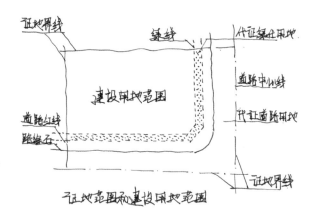

（2）征地面积。

征地面积，由土地部门划定的征地红线范围围合而成，包含用地面积和代征用地面积两部分（包含一半的道路面积，快题考试中给出的面积一般为征地面积）。

2. 用地边界

用地边界是规划用地与道路或其他规划用地之间的分界线，用来划分用地的范围边界。

3. 场地出入口

场地出入口需要结合规划地块内部的地形、地貌及外部环境来确定。

（1）机动车出入口开设需遵循的几条基本原则。

机动车出入口距城市干道、交叉路口、红线转弯、红线起点处不应小于70m；距非道路交叉口的过街人行道边缘不小于5m；距公共交通站台边缘不应小于20m。

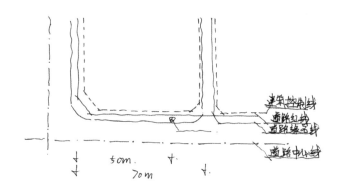

（2）机动车出入口开设的要求。

快速路：禁止开设出入口。

城市主干道：不宜开设出入口。

城市次干道：适宜开设出入口。

4. 周边环境解析

在快题考试中，基地内部或基地周边经常会出现江、河、湖、海，山体公园，保留建筑，古井、古树等有利环境条件，也有可能出现高压线、陡坎等不利环境条件，如何充分利用积极环境，并避免消极环境的影响在快题考试中至关重要。

（1）处理有利环境常用的手法。

江、河、湖、海：考虑将水景引入基地内部，注意滨水风光的打造，有防汛设施的地方不能随意开口引水。

山体公园：留出视线通廊，做对景和借景。

保留建筑：注意与周边环境的结合，限高控制。

古井、古树：尽量保留并加以利用，将其设计为景观节点。

（2）处理不利环境常用的手法。

高压线：留出符合规范要求的高压走廊。

陡坎：根据题目的要求和基地的内部环境，巧妙抵消陡坎的消极影响。

5. 场地环境案例解析

·北面道路为60m的城市主干道——不宜开设机动车出入口。

·北面为公园，西北角有公园入口——考虑基地步行出入口的开设，同时将公园景观引入基地内部。

·南面为行政办公用地——基地内部行政、办公类建筑布局应考虑与外面的行政办公用地结合。

·古井——需要保留，可作为景观节点。

·旧民居——保留改作他用（作为民俗博物馆等）。

·新建商场——基地内新建建筑应与商场有机结合，风格一致。

·新建小学——布局在居住区，幼儿园可结合小学设置。

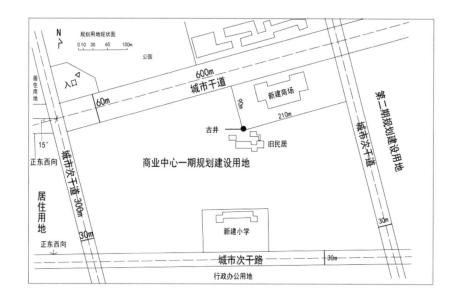

6. 特殊地形条件的快题解决方案

如果在快题考试中，遇到的地块平整、方正，那设计难度就会相对较低，只要综合考虑用地内的功能、用地周边环境即可；如果考题中设置有特殊地形，如水体、山峦、高差等，不论是哪种特殊地形，在规划时，功能、空间、交通等基本结构是不会改变的，我们只需要关注如何顺应特殊地形形成特色就可以了。

（1）水体：水体是规划快题中最常见的一种元素，也是很多同学在做规划快题时喜欢借用的一种元素，但是要注意，尽量不要在场地中出现大面积的人造水体。从水体在规划地块中的位置来看，主要有以下三种情况。

一是用地红线外紧挨着河流、湖泊等的城市水体。这种水体不属于用地内部，我们不能对其进行设计调整，但可以利用借景的设计手法为基地营造景观视线通廊，也可以在滨水岸线上做文章，沿岸线规划设计步行道，并设置若干节点将基地内部的步行道串联起来，形成连续、友好、尺度宜人的步行环境。如果想将水体引入基地内部，应注意基地的地形以及是否具备引水的条件，一般来说海水、河道等都不能直接引水。

二是河流、溪流从用地内部穿过的情况。这种情况下，水体不但可以用来观赏，设计者还可以根据自己的设计构思，对水体的形状加以改变，在水体的重要区域可以结合核心景观来处理，设置滨水广场、亲水平台等。

三是用地内部有独立的湖泊、池塘等（带有特殊意义的水体除外，如风水池塘，对于这种特殊水体，最好的处理方式就是保持其现状）。这种水体完全属于基地，处理起来就比较自由了，可以加以改造、延长、扩大，以形成主要的景观区域。如果基地内的水体是零散的，则可考虑将零散的水体串起来，使其形成体

系，在改造、延长、扩大水体时应注意水体的起、承、转、合。

水体作为场地中一种常见的自然要素，与建筑的关系是不能忽视的，在设计中最忌讳的是设计一潭死水放在基地里面，而建筑与水体互不相干。

水体与建筑的关系最常见的有两种：一种是平行关系，另一种是垂直关系。当建筑物与水体平行时，就形成了一种围合关系，强化了水面空间的形态；当建筑与水体垂直时，就形成了一种导向关系，成排垂直于水体的建筑会形成通往水体的路径，并加强周边空间、交通与水体的联系。

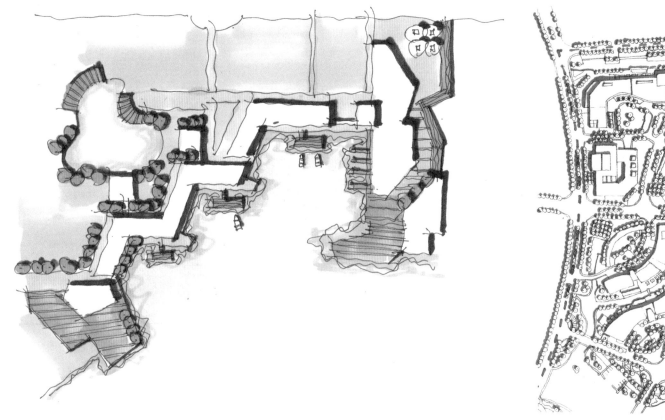

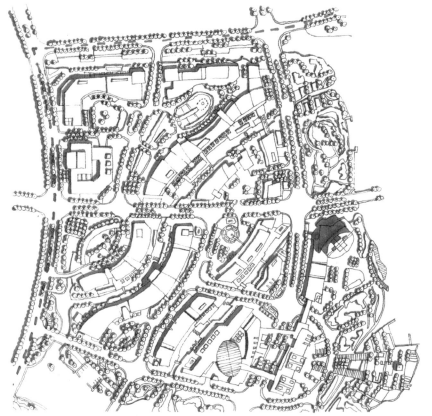

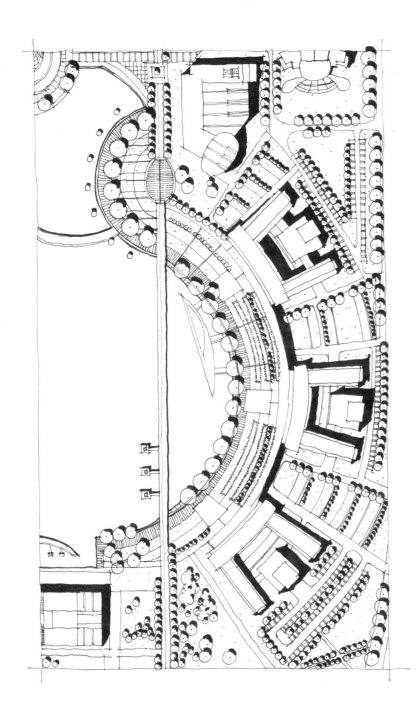

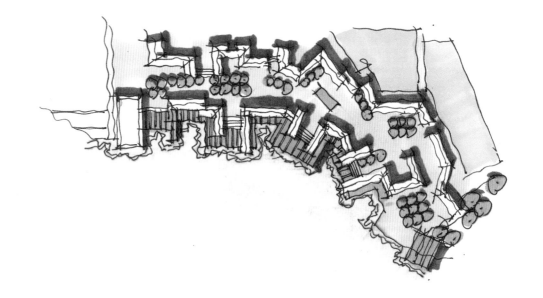

（2）山体：山体也是一种很常见的自然要素，山体和水体的处理方式既有很多相似的地方，也有很多的不同之处。相对来说，水体是平面要素，而山体则是竖向要素，山体的视线可达性更好，对天际线有一定的影响和控制。通常来说，对山体的改造是比较困难的，规划时应主要考虑对山体的利用，还有山体对建筑布局、交通组织的影响等。

从山体在规划地块中的位置来看，主要有以下三种情况。

一是用地红线外紧挨着山体。这种山体只能看、不能动，可以通过借景的手法将其作为景观对象。可以结合山体打造视线走廊，也可以考虑建筑物的高度布局等。

二是用地内局部为山体，并与外部山体相连。

三是用地内有独立的山体。

第二种和第三种的情况相似，在这两种情况下，我们需要综合考虑山体对空间结构、交通组织和建筑布局的影响。

在建筑高度上，有两种组织方法。一是近山区域内的建筑比较低，远山区域的建筑比较高，从而形成向山峦逐渐变低的建筑轮廓。二是近山区域的建筑比较高，远山区域的建筑比较低，这种方法通常适用于山体比较高的情况，可通过建筑轮廓线强化原有的地形特征。

在建筑平面布局上，山体与建筑的关系通常有平行关系和垂直关系两种。

7. 道路交通

（1）城市道路。

城市道路等级分为以下四类。

① 快速路（又称汽车专用道）：城市道路中设有中央分隔带，具有四条以

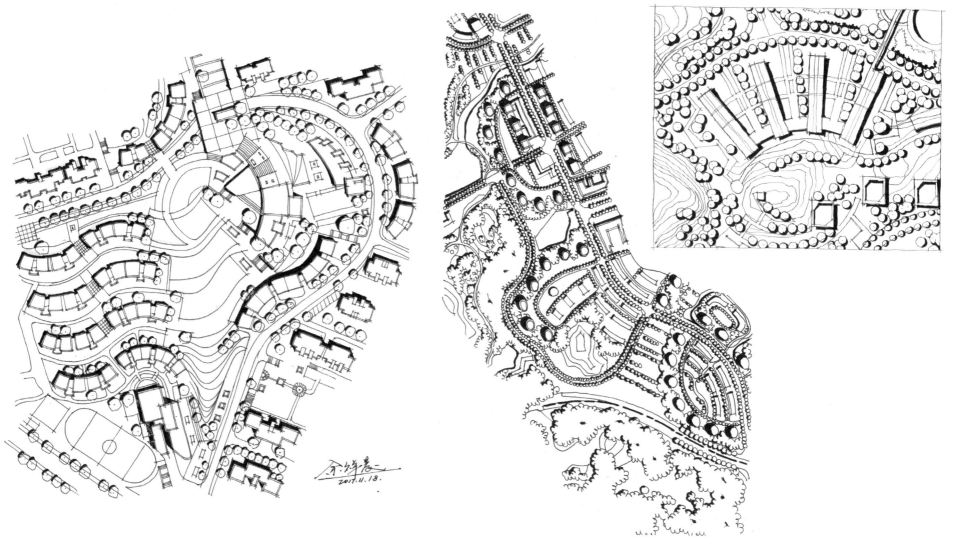

上机动车道，全部或部分采用立体交叉与控制出入，供汽车以较高速度行驶的道路。快速路的设计行车速度为 60 ～ 80 km/h。

② 主干路：连接城市各分区的干路，以交通功能为主。主干路的设计行车速度为 40~60km/h。

③ 次干路：承担主干路与各分区间的交通集散作用，兼有服务功能。次干路的设计行车速度为 40 km/h。

④ 支路：次干路与街坊路（小区路）的连接线，以服务功能为主。支路的设计行车速度为 30 km/h。

项目		城市规模与人口 /（万人）	快速路	主干路	次干路	支路
机动车设计速度	大城市	＞200	80	60	40	30
		≤200	60 ～ 80	40 ～ 60	40	30
	中等城市		—	40	40	30
道路网密度 /（km/km²）	大城市	＞200	0.4 ～ 0.5	0.8 ～ 1.2	1.2 ～ 1.4	3 ～ 4
		≤200	0.3 ～ 0.4	0.8 ～ 1.2	1.2 ～ 1.4	3 ～ 4
	中等城市		—	1.0 ～ 1.2	1.2 ～ 1.4	3 ～ 4
道路中机动车车道条数 / 条	大城市	＞200	6 ～ 8	6 ～ 8	4 ～ 6	3 ～ 4
		≤200	4 ～ 6	4 ～ 6	4 ～ 6	2
	中等城市		—	4	2 ～ 4	2
道路宽度 /m	大城市	＞200	40 ～ 45	45 ～ 55	40 ～ 50	15 ～ 30
		≤200	35 ～ 40	40 ～ 50	30 ～ 45	15 ～ 20
	中等城市		—	35 ～ 45	30 ～ 40	15 ～ 20

（2）城市停车。

根据场地平面位置的不同，城市停车场可以分为路边停车场和集中停车场，根据车辆停放方式可以分为平行式、垂直式和斜列式。停车场出入口数量的要求如下。

① 少于 50 个停车位的停车场，可设一个出入口，其宽度宜采用双车道。

② 50 ～ 300 个停车位的停车场，应设两个出入口，出入口之间的间距必须大于 15 m，出入口宽度不小于 7 m。

③ 大于 300 个停车位的停车场，出口和入口应分开设置，两个出入口之间的距离大于 20 m。

④ 1500 个停车位以上的停车场，应分组设置，每组应设 500 个停车位，并应各设一对出入口。

1.汽车停放的基本方式

2.路边停车

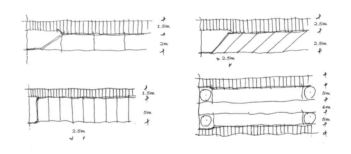

3.停车场配置

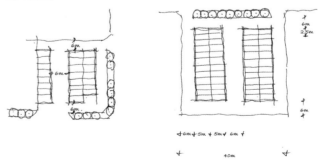

（3）停车位面积。

单位停车面积一般如下。

小型汽车：20～30㎡（地面）；30～35㎡（地下）。

摩托车：2.5～2.7㎡。

自行车：1.5～1.8㎡。

标准小汽车停车位尺寸为3m×6m。

注意：大型公共建筑附近必须设置与之相适应的停车场，一般位于大型建筑物前且和建筑物位于道路同侧，停车场距公共建筑物出入口宜为50～100m，集中停车场的服务半径不宜过大，一般不宜超过500m。

（4）回车场地。

当采用尽端式道路时，为方便行车转弯、进退或掉头，应在道路尽端设置回车场，回车场的面积不应小于12m×12m，近端式消防车道回车场不宜小于15m×15m，大型消防车的回车场不应小于18m×18m。

2.3 建筑基础

1. 居住小区建筑

（1）住宅建筑。

① 别墅：指1～3层低层住宅，包括独栋和联排两种形式。其日照、通风条件较好，带独立庭院和车库，联排别墅较独栋别墅更加经济。一般而言，联排别墅面宽越小，进深越大，越节约土地，开发商能够获得更大的经济效益，但是如果进深过大，会不利于采光通风，常通过加设天井的方式缓解。随着别墅用地的取消，快题中也很少出现别墅建筑了。

独栋别墅的占地面积一般为0.667～1.334hm²；联排别墅的开间一般为5～12m，进深一般为13～15m；一般采用3～5个联排。

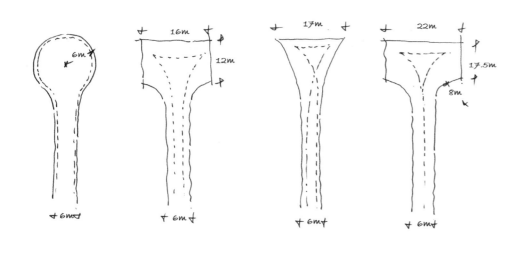

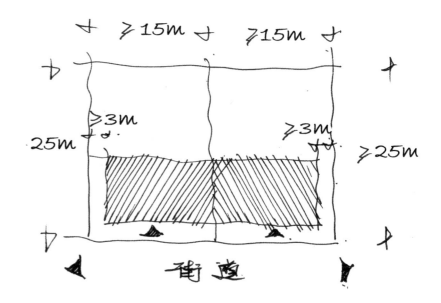

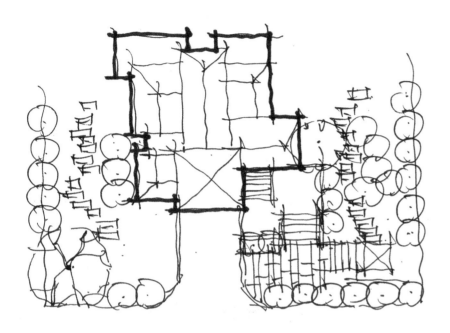

② 多层：指 4 ~ 6 层住宅。该类型建筑在快题中较为常见，平面为矩形，进深不宜超过 12 m，由于建筑面积差异面宽约在 20 ~ 28 m（一般取 20 m），可由实际情况自由确定，一般以 3 个单元的形式拼接。多层住宅间距合适，通过单元错开、角度变化等形式以形成便于人际交往的半公共空间。

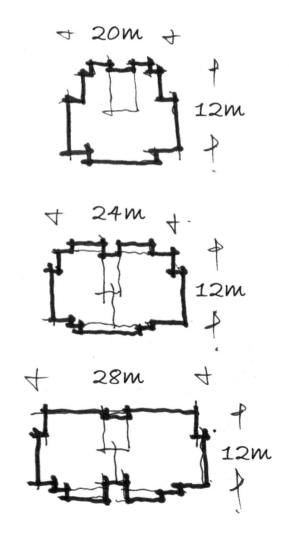

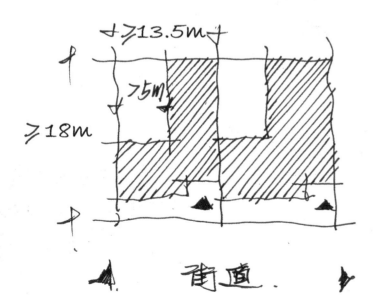

③ 小高层：指 8 ~ 11 层住宅，楼内设有电梯。快题中一般结合多层布置，形态布局较灵活（包括点式和板式），有一梯两户、一梯三户、一梯四户几种形式。小高层住宅内部必须设置电梯；小高层住宅进深一般在 15 m 以上；面宽视建筑面积而定。

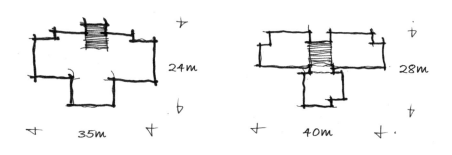

④ 高层：指 12 层以上的住宅，带电梯（包括消防电梯），18 层及以上以点式为主，设剪刀梯或两部疏散楼梯。高层尺寸比小高层稍微大点，一般为 38m×24 m，分为一梯三户、一梯四户等。由于高层建筑间距较大，车流、人流较集中，因此要注意车行道必须连接各点式高层。在平面图中注意电梯井画法（尺寸一般为 6 m×10 m）。

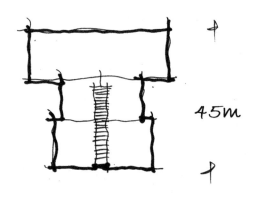

（2）小区公共建筑。

① 托儿所、幼儿园建筑：建筑层数为 2 ~ 3 层，要有向南面的室外活动场地。四个班以上的托儿所、幼儿园应有独立建筑基地；规模在三个班以下时，也可将其设于居住建筑物的底层，但应有独立的出入口和相应的室外游戏场地及安全防护设施。幼儿园用地面积：4 个班时，应大于等于 1500 m²，6 个班时，应大于等于 2000 m²，8 个班时，应大于等于 2400 m²。其中活动室每班一间，使用面积为 90 m²。

托儿所、幼儿园宜有集中绿化用地面积，以及相应的硬质铺装作为活动空间。可布置于小区中心外围，既方便家长接送，又能避免交通干扰。为保证日照充足，建筑一般为南北朝向。

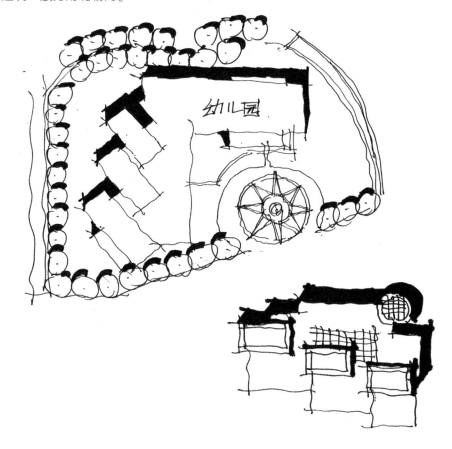

② 小区会所：一般为小区综合服务性公共设施，集休闲、娱乐、办公为一体，是小区的形象标志。会所的位置可置于主入口附近，兼顾对外功能，提高商业服务价值，也可结合中心景观位于小区中心位置，以便于服务整个小区，并保持良好的私密性。会所的尺度一般在 20 ～ 40 m。

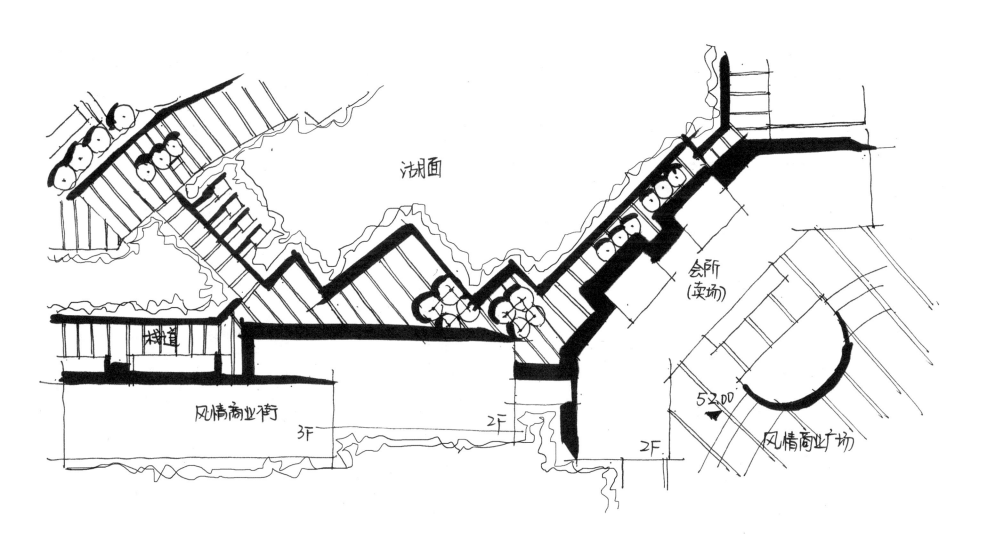

③ 沿街商业：沿街地块商业价值较高，尤其是人气较旺的城市主干道旁，沿街商业既有较高的经济价值，又区分小区内外空间，同时满足小区内外生活需要。沿街商铺进深一般在 12 ~ 15 m，较大商铺进深最大不超过 20 m，以保持沿街界面整齐统一。一般的底层商业街都是商业街的形式展开的，这种情况下，一般商铺单元的面宽为：5 ~ 8 m，进深为 10 ~ 15 m。有的会有骑楼式商业街，有的会有内部廊道。关于底层商业建筑的长度，基本上满足消防规范，超过70m 设置一个消防通过口即可。

2. 中心区建筑

（1）商业建筑。

商业建筑：形态丰富、布局自由，具体形态可以根据地块形状、基地自然条件进行有效切割而成，小型商业建筑的进深一般和沿街商铺保持一致。

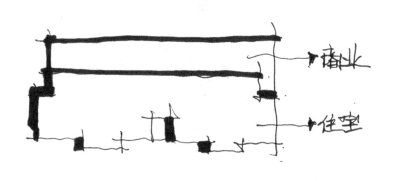

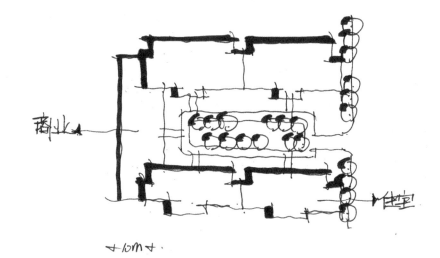

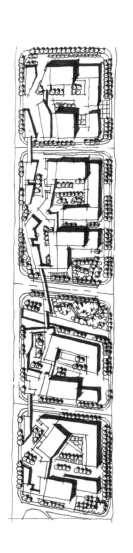

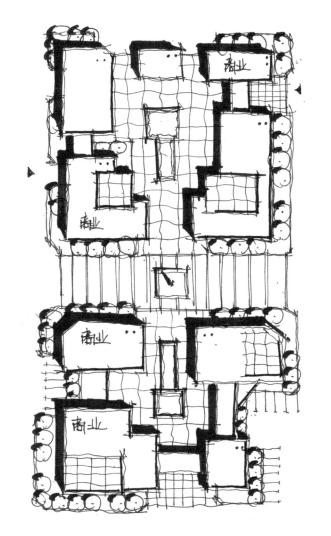

大中型商业建筑：以购物、娱乐、休闲功能为主，建筑进深在 30 ~ 60m 比较合理，开间视题目要求而定，一般建筑体量大，平面比较灵活。为满足采光和通风的要求，常常在建筑中间位置开设天窗。大中型商业建筑基地宜选择在城市商业地区或主要道路附近，应有不少于两个面的出入口与城市道路相连接。或基地应有不小于 1/4 的周边总长度和建筑物不少于两个出入口与一边城市道路相邻接。对于大中型商业建筑，还需考虑主入口前的集散场地及相应的停车设施。

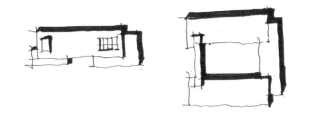

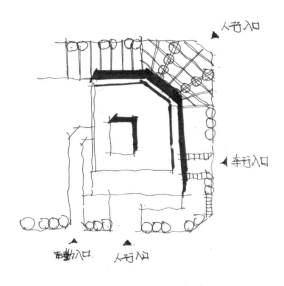

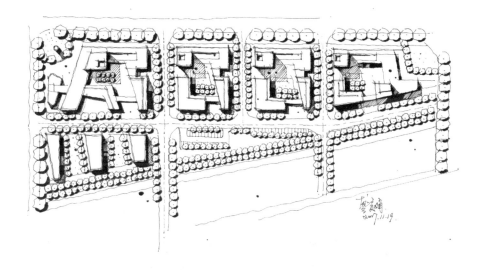

（2）办公建筑。

办公建筑：建筑高度 24 m 以下为低层或多层办公建筑；建筑高度超过 24 m 而未超过 100 m 为高层办公建筑；建筑高度超过 100 m 为超高层办公建筑。办公建筑的基地应选在交通和通讯方便、市政设施比较完善的地段。在快题设计中，小开间办公建筑，进深一般为 10 ~ 25m（办公室进深 5 ~ 8m，走廊宽度 1.8 ~ 2.4 m）。

高层点式办公建筑：进深为 30 ~ 40 m（标准层 900 m^2），点式高层的底层商业裙房或者配套服务用房消防扑救面不得小于周长的 1/4（至少有一面落地）。

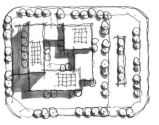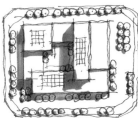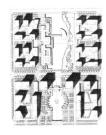

（3）酒店建筑。

酒店建筑应选在交通方便、环境良好的地区。不论是采用何种建筑形式，均应合理划分旅馆建筑的功能分区，组织各种出入口，使人流、货流、车流互不交叉。主要出入口必须明显，并布置一定的绿化和停车空间，总平面布置应结合基地具体条件，选用适当的组织形式。酒店建筑可分为集中式酒店和分散式酒店。一般酒店的客房面积和服务面积比例约为 1∶1，服务层通常在 2~4 层。酒店的房间可以记为 4 m×8 m，走廊记为 2~3 m。

① 集中式酒店。

集中式酒店以"裙房＋塔楼"的做法较为常见，在塔楼的酒店客房布置上，多为围绕核心筒进行房间布置。塔楼的基地面积要控制在 1000 m² 以上，特别是在做高层及超高层酒店时，塔楼一定要有足够基底面积。同时为了满足消防铺面的问题，通常会将大于塔楼 1/4 周长的边暴露在外面，即脱离裙楼放置。塔楼的基本尺寸约为 40 m×30 m，裙楼偏大体量空间即可。

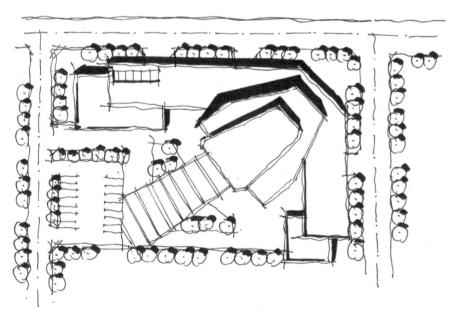

② 分散式酒店

分散式酒店类似于布置宿舍楼，一般外廊式的进深约为 10 m，内廊式的进深约为 18 m，主要形式有以下几种。

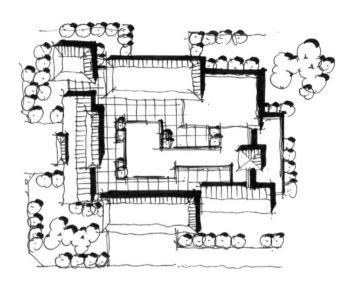

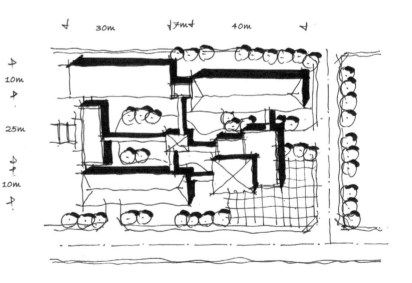

（4）文化娱乐建筑。

文化娱乐建筑主要有影剧院、博物馆、文化馆、会展中心等。这类建筑体量较大，一般处于位置适中、交通便利、便于群众活动的地段。其总平面布置应分区明确，合理组织人流和车辆交通路线，对喧闹与安静的用房应有合理的分区与适当的分隔，且至少应设两个出入口。当主要出入口紧临主要交通干道时，应留出缓冲距离。一般需要布置室外休息活动场地、绿化和建筑小品等设施。

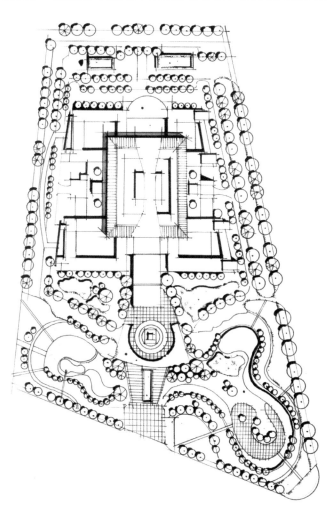

3. 校园建筑

（1）教学建筑。

教学建筑应有良好的自然通风。教室的基本尺寸为 8 m×10 m 左右，实验室和专用教室的尺寸可相应扩大。单连廊南北朝向，建筑进深约 9 ～ 10 m，长度不得超过 80 m，可以是建筑组合，通常设计成 E 字形或回字形等形状，也可以是放射状。对于组合楼，每一排教室之间的间距不得小于 25 m，教学楼长边离马路也不得小于 25m。

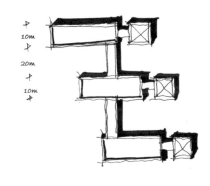

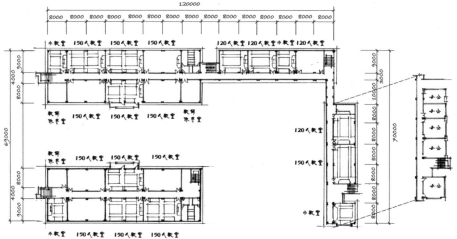

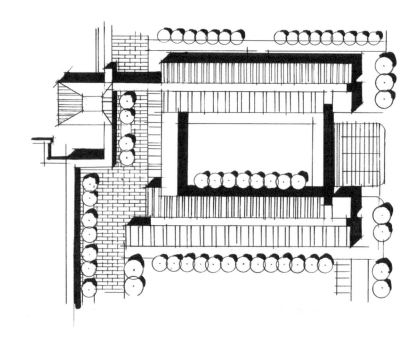

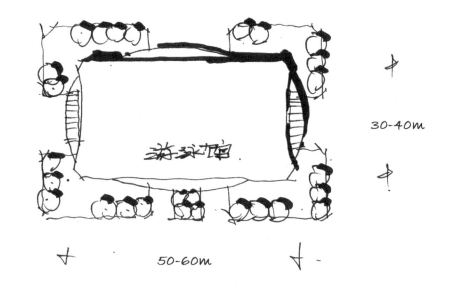

（2）办公建筑。

办公建筑主要包括校行政楼、院行政楼等，平面布局相对简单。当其置于校园入口处时，可以作为标志性建筑，办公建筑类场地周围要布置适当数量的停车位。进深一般为 15～20m，长度 60～80m。办公室可以套用教室的尺寸数据。有的时候为了节约空间，办公室可以采用内廊式的布置手法。所以同样存在两种尺寸关系。一般来说，办公建筑层数通常为 5 层。

（3）文体建筑。

文体建筑主要有图书馆、体育馆、风雨操场、大学生活动中心等满足学生文化生活和体育运动的建筑，此类建筑在校园快题设计中一般体量较大、造型丰富。图书馆前宜有广场，方便人流疏散、师生交流。体育馆或风雨操场的设计较为独立，一般以长方形为主，注意尺度。

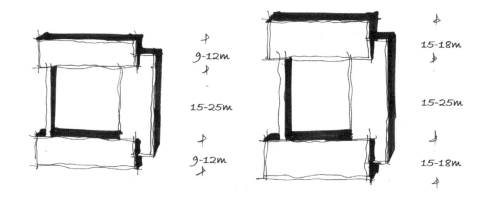

（4）生活建筑。

生活建筑是为学生日常生活提供服务的建筑，主要有宿舍、食堂、后勤服务等建筑类型，此类建筑功能相对简单，满足基本功能要求即可。学生宿舍一般采用双廊，进深 16m 左右，长度不超过 80m。

4. 工业建筑

（1）工业建筑在快题中常见的类型主要有两种，一类是大体量的工业厂房，另一类是具有科技研发功能的科技园，厂房的体量比较大，科技园的建筑体量比较小，类似于办公建筑。

（2）工业厂房中最主要的建筑就是厂房，厂房属于大体量柱网建筑，多为30 m×60 m 或 30 m×90 m，一般为 3 的模数。

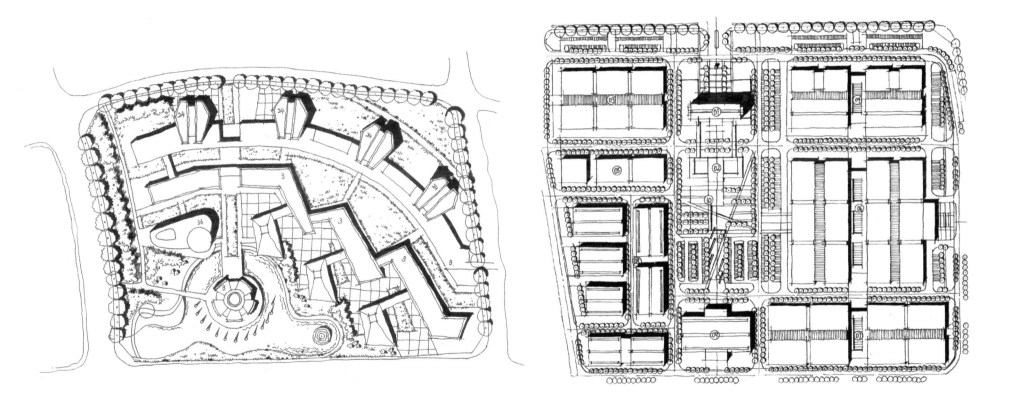

2.4 规划结构基础

1. 规划结构基本介绍

对很多快题初学者而言，很多人都有这样的感受：刚拿到任务书时，不知道从何下手。因此如何快速地理解题目条件和要解决的问题，并在短时间内提出方案的基本构架，在快题考试中显得至关重要。我们通常所说的规划结构，确切地说，其实是一种"关系的设计"，即各种要素通过怎样的方式组织在一起，共同控制整个项目基地，以满足各项功能需求，并指导空间形态的形成。

在快题设计中，规划结构是方案的骨架，起着支撑整个方案的作用，一般来说，规划结构由轴线、节点、道路、组团四大要素构成。规划结构直接影响到功能分区、建筑布局、道路交通的组织等，好的规划结构可以使方案分区明确合理、建筑布局紧凑。

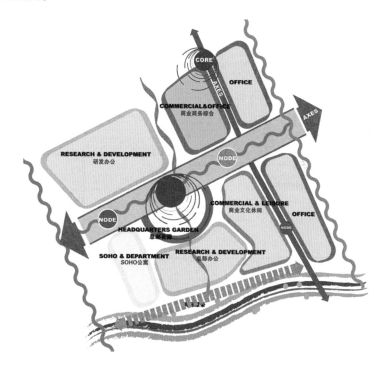

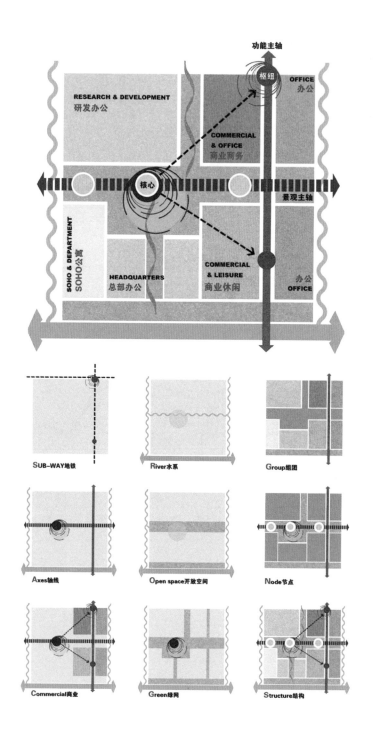

2. 规划结构设计要点

如何建立规划结构？规划结构的设计要点是什么？制定和提出规划结构，需要设计师对各项功能需求及技术规范的正确把握，还要求设计师对空间形态有比较深刻的理解，这就要求我们在平时的学习过程中多看、多思考、多积累。如前所述，构建规划结构是找到一种最佳的组织方式，将基地的各种要素组织起来，

一方面在尊重基地现状的前提下，充分利用基地优势，在减少不利因素影响的同时满足项目的需求，符合技术规范的要求，实现基地价值的最大化。从这个层面来说，规划结构的设计要点及步骤应包含以下方面的内容。

（1）规划结构成系统，轴线、道路、节点、组团有主次之分，主要结构要素需主要表现与重点突出。

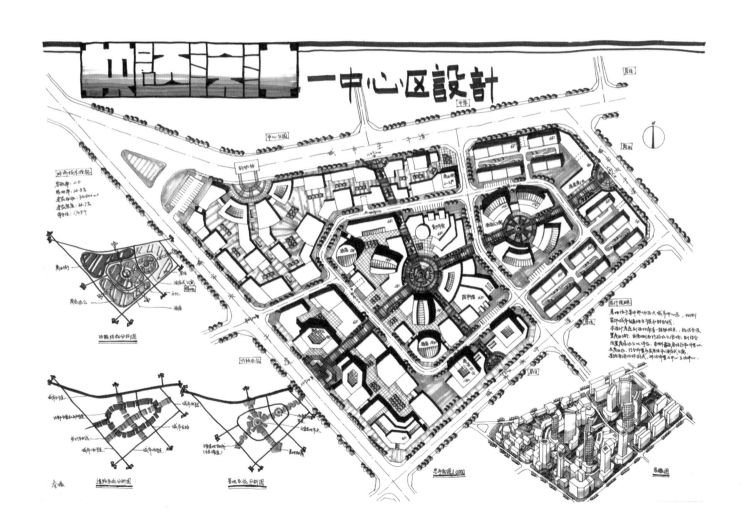

（2）轴线、道路、节点各要素之间相交尽量垂直相交，不能产生角度很小的夹角。

（3）轴线、道路围合出中心节点的形态。

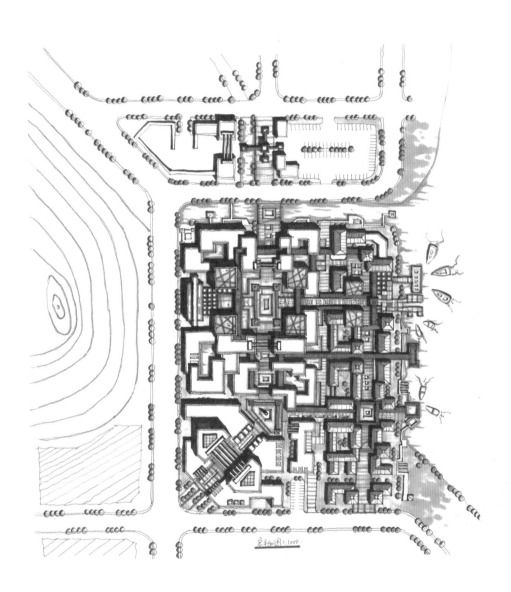

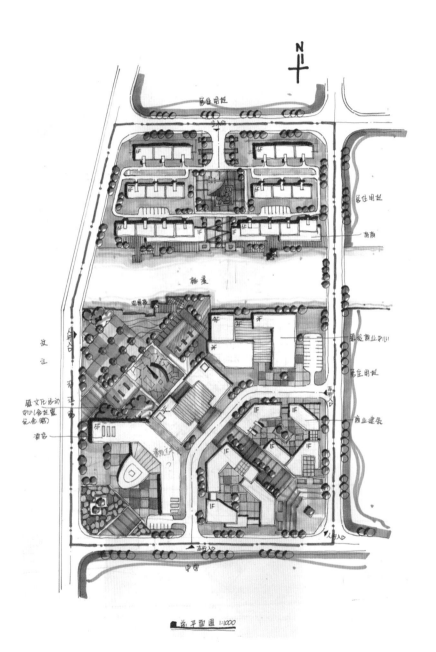

（4）快题画面中有且只有一个中心，中心可以是一条轴线或是一个中心组团。不可设置两个及以上等量的轴线或节点，这样会模糊中心，造成混乱。

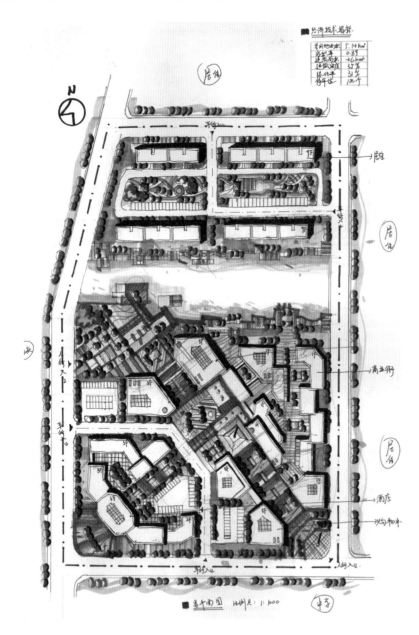

3. 规划结构的设计步骤

（1）场地。

当我们规划一个与一定场地相关的工程或建筑时，我们首先应该考虑场地需要提供的、将被组织在一起的各种功能。理论上讲，每一块场地都应有一种理想的用图；反过来，每一种用图，都应有一块理想的场地来实现。在规划快题设计中，我们要综合考虑各方面因素，使得各个要素之间通过某种方式组织在一起，形成完整的体系和系统，共同控制整个项目基地，满足各项功能需求，并引导空间形态的形成。

场地具体来说应包括以下内容。

场地的自然环境：水、土地、气候、植物、地形、环境地理等。

场地的人工环境：建成空间环境，包括周围的街道、人行通道、要保留的周围建筑、要拆除的建筑、红线退让、行为限制等。

场地的社会环境：历史环境、文化环境、社区环境和小社会构成等。

（2）场地设计。

场地设计应该理解为是"场地规划与设计"的简称，是为了满足一个建设项目的要求，在基地现状条件和相关的法规、规范的基础上，组织场地中各构成要素之间关系的活动设计。场地设计涉及以下几方面的内容。

① 前期的场地策划、场地开发限制，包括用地自身限制、场地乃至整个城市或地区的限制。

② 场地选择，针对某一用途选择合适的用地。

③ 场地分析，分析所有影响场地建设的方方面面的因素，场地分析是快题设计最重要的一个步骤之一，关系到结构、功能、路网、建筑、景观等的设计。一般快题设计中需要考生重点分析场地内部环境以及外部环境，合理利用积极因素，同时规避消极因素的影响。

（3）项目需求（问题或目标）。

此处项目需求指的是快题设计任务书上的要求，考生要善于发现任务书中的主要矛盾，即"题眼"，在满足相关规范要求的前提下，快速解决主要矛盾。

（4）合理组织各项功能需求。

合理组织各项功能需求也就是我们常说的"功能分区"，在进行功能分区时应注意各功能之间的内在联系与干扰，分区应明确合理，但不能过于机械化。

（5）根据前三步，确定机动车出入口和机动车道。

（6）确定步行出入口，同时确定主要轴线的位置。

（7）划分出大的组团，进而确定大的隔断廊道，细分组团。

（8）确定组团节点，建立组团节点和主轴线或是中心节点的通道联系，重要的通道设置为次要轴线。（规划结构到此结束。）

城市轴线通常是指一种在城市中起空间结构驾驭作用的线型空间要素。在规划快题中，轴线起着统领整个画面的作用，但不要为了做轴线而做轴线。

轴线的设计要领如下。

① 轴线实质上是一条线，要在轴线上做节点，一般有开始节点、中心节点和结束节点。

② 轴线两侧的建筑、景观一般对称分布。

③ 轴线上会布置重要的功能建筑与重要景观。

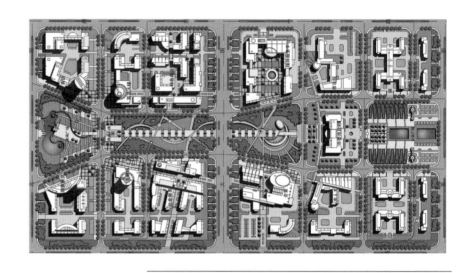

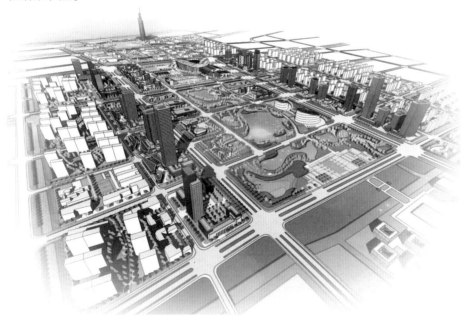

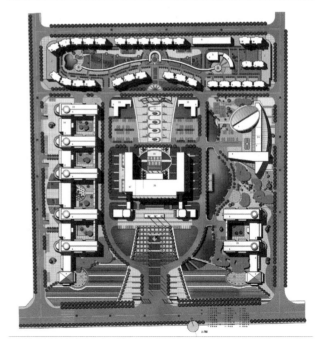

④ 轴线通过建筑（景观）围合出来。

⑤ 轴线上的空间有收有放，空间变化丰富。

⑥ 轴线要成系统，区分主轴线、次轴线和间隔廊道，次轴线一般与主轴线或中心节点相连。

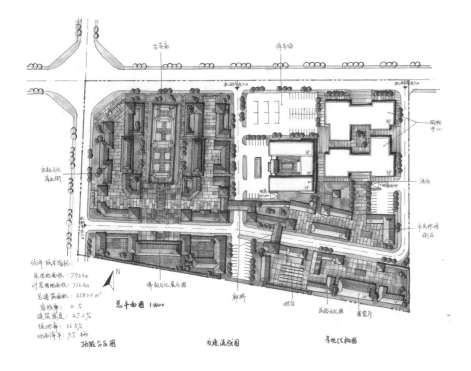

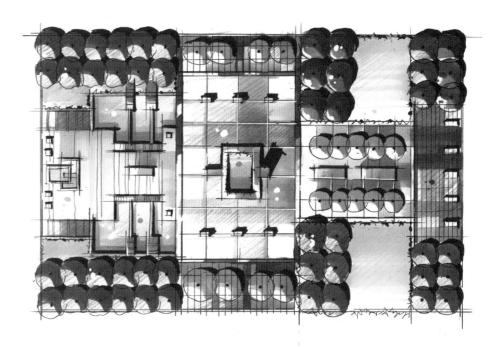

4. 节点

城市节点通常是指一种在城市中起空间结构驾驭作用、组织公共活动的点状空间要素。

节点的设计要领如下。

（1）边界围合，正常情况下是用建筑围合边界，特殊情况下用景观围合。

（2）节点尽量做几何形体（圆形、半圆形、方形、椭圆形等），几何形体更有视觉冲击力，更能体现节点的中心性。

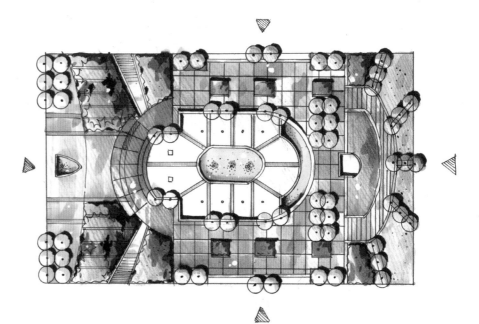

（3）节点应形成系统，区分主要节点、次要节点和一般铺地，次要节点一般要接到主要节点上。

（4）节点的位置。

① 一般在线性元素的开始处和结尾处设置入口节点和结束节点，在入口节点和结束节点之间一般会设置一个中心节点；

② 在面元素的中心一般设置节点。

（5）节点，特别是在中心节点周围会布置最重要的建筑，形成中心组团。

第 3 章

居住小区规划设计

3.1 基本介绍

人类的居住形式经历了数千年，自城市诞生之日起就有了城市住宅。居住是居民生活中极为重要的一部分，是城市的主要功能之一。而居住小区是具有一定规模的城市居民聚居地，是组成城市的重要单元，在居住小区中，包含居住、游憩、教育、交往等场所，同时也需要生活服务等设施。在我国，居住区还特指居住区规划结构中的一个层次，它被城市干道或自然界线围合，并由若干个居住小区和住宅组团组成。

规划快题考试中（6h 快题），一般用地规模在 10 ～ 20hm²，也就是以居住小区的规模形式呈现。居住小区，指由城市道路或城市道路和自然界线划分的、具有一定规模的，并不为城市交通干道所穿越的完整地段，区内设有一整套满足居民日常生活需要的基本公共服务设施和机构。住区规划设计需要满足使用、卫生、安全、经济、美观等基本要求。由于规划设计的对象是居民，因此必须坚持"以人为本"的设计原则。

3.2 居住小区快题考试重点

居住小区快题考试重点如下。

（1）居住功能结构——虽然功能与形式都很重要，但在功能设计上一定不能出现明显错误。

（2）不同私密程度的空间构建——在建构空间结构时不必追求新颖独特，而应选择清晰、均衡、稳妥的空间形式，并采用个人熟悉并运用自如的形式。

（3）生活性景观的营造——景观是提升小区品质的重要手段。如外部有较好的景观可利用，要先考虑内、外的景观联系，然后考虑设置集中绿地，并与组团绿地相联系，同时，可将绿地系统与人行系统相结合。

（4）亲切尺度——住宅、配套幼儿园都是功能性很强的建筑，其开间、进深有明确规范限定，绘图时一定要注意建筑和场地的尺度。其中，广场可通过铺地的方式增强尺度感。此外，适宜的道路宽度有助于加强正确的尺度感。同时，机动车位、常见球场的规格尺寸一定要记牢，不能出错。

（5）日照间距——对住宅、学校有要求，对商业、服务设施没有影响。各城市规划条例规定的日照间距不同，其系数不仅决定了住宅南北向的距离，同时也决定了规划用地的建筑密度，备考时需要了解所报院校所在城市的日照间距系数，同时注意考题对此是否有明确规定，另外，还要注意规划用地南侧是否有建筑，其阴影是否会对用地住宅布局造成影响。

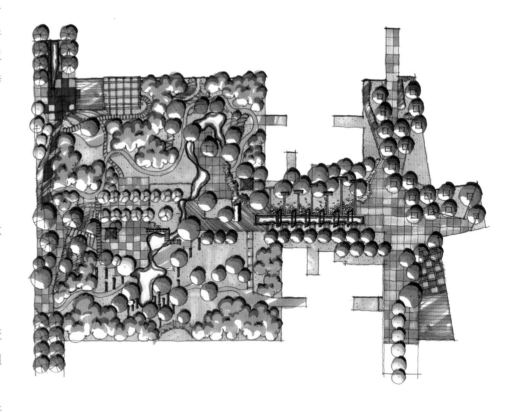

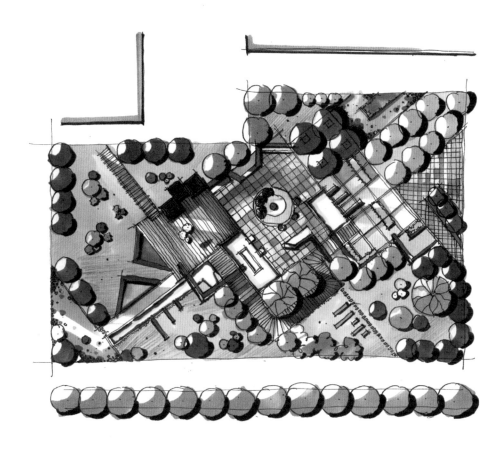

按照居住小区空间领域层次划分，外部空间可分为以下四级。

第一级：公共空间，居住小区的集中绿地或游园，供小区居民共同使用。

第二级：半公共空间，是指具有一定限度的空间，并非完全的公共空间，作为住宅组团内的半公共空间，可供组团内居民使用，是邻里交往、游憩的主要场所，在规划设计时，应使空间有一定的围合感。

第三级：半私密空间，是指住宅楼之间的院落空间，可以供儿童游戏，并便于家长看管的空间。

第四级：私密空间，一般指住宅底层的庭院空间，或楼层的阳台、露台。

轴线式是比较常用的一种方式，适用范围广，通过建立主要轴线来统一全局。主要轴线通常连接主入口、广场节点、中心绿化、主要组团等，展开空间序列。设计时切忌序列空间均质无变化，要结合建筑布局合理布置。

3.3 居住小区快题设计要点

1. 功能结构布局

空间规划层级主要由公共空间——半公共空间——半私密空间——私密空间四级组成，在小区规划中主要体现为小区——组团——院落的规划形式。设计中尤其要注意设计的功能结构清晰，能够突出各空间层级的核心空间，如小区中心景观、组团中心及院落空间。常用的组织方式有院落式、轴线式、组团式。

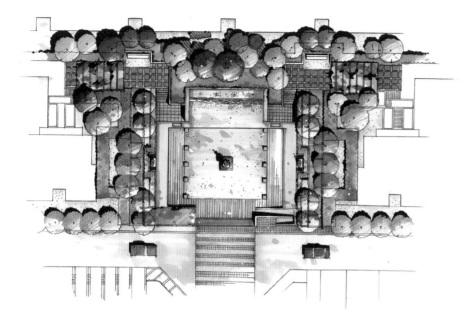

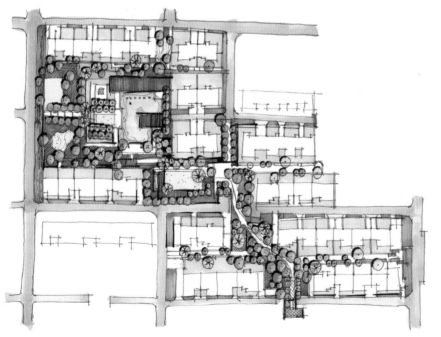

2. 道路交通系统

对于居住区的整体构架来说，道路系统是居住区规划布局的骨架。道路系统的实质是在交通便捷性和居住的功能性之间寻求一种平衡。居住小区机动车出入口应位于城市次干道或城市支路上，距城市干道交叉口的距离不小于 70m，并根据居住小区的规模，确定机动车出入口的数量，每个小区至少应有两个出入口，且机动车对外出入口的间距不应小于 150m，人行出入口的间距不宜大于 80m，道路系统要遵循"通而不畅"的原则，道路线形不能过于随意，应具有一定的形式感。

道路宽度一定要分级，小区中一般分为以下三级。

第一级：小区级道路，红线宽度为 10 ~ 14m，机动车道宽度 6 ~ 9m，人行道宽度 1.5 ~ 2m。

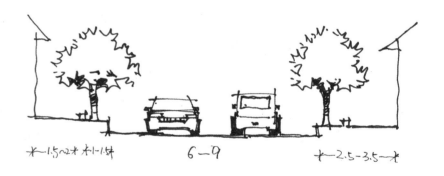

第二级：组团路，道路宽度 4 ~ 6m。

第三级：宅间小路，路面宽度大于 2.5m。

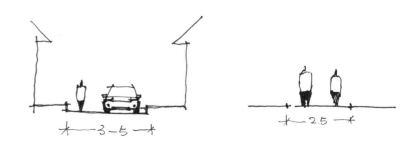

在设计过程中，小区级道路一般取 9 m，组团路和宅间小路一般取偏下限的值，一方面可以减少道路用地的比例，增加场地和绿化的比例，另一方面可以使图面的表达更加直观，值得注意的是组团路的设计。

居住小区中路网的布置形式有很多，如线形、环形、U 形、C 形、混合型等，不论是哪一种形式，一定要注意结构清晰、稳定，组团划分合理，交通流量均衡，不要把交通全部集中在某一路段上面。

3. 绿化景观处理

小区的绿化景观系统设计重点包括景观轴线、主入口、中心景观、组团景观等。景观系统应考虑基地内部与周围环境之间的联系，充分利用基地现有的自然条件，例如保留基地原有的地形地貌、河湖水系的景观利用，以及与地块周边景观视线的整体考虑等。

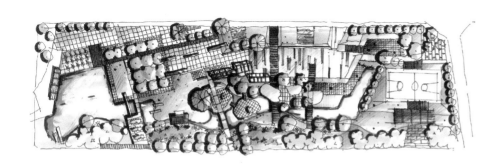

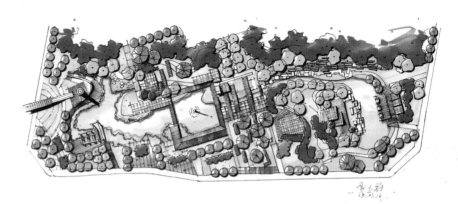

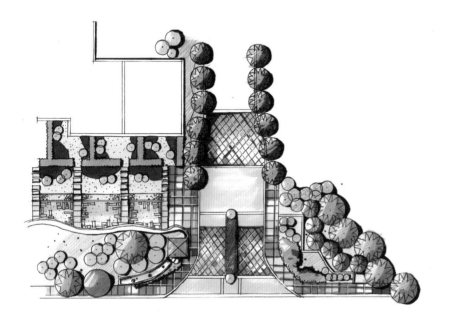

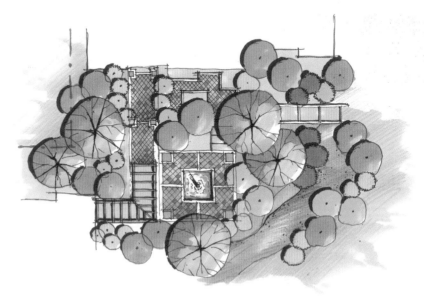

对于主入口、中心景观节点的处理要细致，一般可以结合入口广场、中心绿化布置，人流、车流的导向要明确。尤其是将中心景观与幼儿园、小区会所等公共建筑结合布置时，要考虑其相互影响与协调性，既要保证入口、人流的相对独立，又要通过步行、绿化组织等加强联系。整个小区的步行景观系统要具有连续性和景观均好性等特点。

4. 建筑空间组合

小区建筑主要包括住宅建筑和公共服务设施建筑两大类。住宅建筑群体空间组合形式主要有周边式、行列式、混合式、自由式四种。

行列式布局，使绝大部分建筑有良好的日照和通风。但不利于形成完整安静的空间和院落，建筑群组合也过于单调。规划中常采用山墙错落、单元错开等手法。这种布局对地形的适应性较强。

周边式布局，利于节约用地，形成街坊内部的安静环境，利于形成完整、统一的街景立面。但是，由于建筑物纵横交错排列，常常只能保证一部分建筑有良好的朝向，且建筑物相互遮挡易形成一些日照死角，不利于自然通风。较适用于寒冷地区，以及地形规整、平坦的地段。

混合式布局，最常见的是以行列式为主，以少量住宅或公共建筑沿道路或院落周边布置，以形成半开敞式院落。这种在快题中运用较多。

自由式布局，建筑结合基地地形等自然条件，在满足日照、通风等要求的前提下，成组自由灵活的布置。

5. 配套设施

配套的公共建筑设施是小区规划必不可少的一部分。居住小区级公共服务设施分为商业服务类设施和儿童教育设施两大类。商业建筑一般沿主要城市道路布置或沿小区主要轴线相对集中布置。学校应布置在环境安静、接送方便的单独地段上。

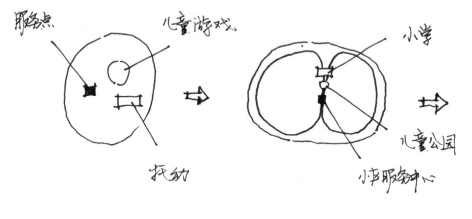

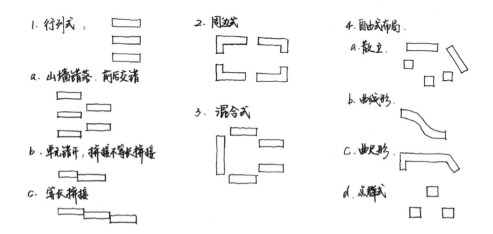

第 4 章

城市重点地段

规划设计

4.1 基本介绍

在城市中存在一些地段，不但具有较为重要的多种城市功能，而且在片区甚至城市中具有标志性的地位。这些地段通常位于各类城市重要交通用地附近，或者临近城市重要的景观带，这样的地段称为城市重点地段。

城市重点地段，不论是在旧城更新还是新城建设过程中，这些地段都是开发的重点区域，能够反映城市的风貌，是实际城市建设中的热点规划项目。在快题考试中，城市重点地段一直都是热点，通常会综合考察设计者对城市交通组织、功能分区和融合、建筑与场地的关系、城市空间和城市景观营造的把握，难度相对较大。

综合公共中心	三种或三种以上的公共活动内容及总的公共中心，又称城市综合体
城市行政中心	城市的政治决策与行政管理机构的中心，是体现城市政治功能的重要区域
城市文化中心	城市文化设施为主的公共中心，体现城市文化功能和反映城市文化特色的重要区域
城市商业中心	城市商业服务设施最集中的地区，与市民日常活动关系密切，体现城市生活水平，以及经济贸易繁荣程度的重要区域
城市商务中心	城市商务办公的集中区域，集中了商业贸易、金融、保险、服务、信息等各种机构，是城市经济活动的核心地区
城市体育中心	城市各类体育活动设施相对集中的地区，是城市大型体育活动的主要区域
城市博览中心	城市博物、展览、观看演出等文化设施相对集中的地区，是城市文化生活特色的体现
城市会展中心	城市会议、展览设施相对集中的地区，是城市展示和对外交流的重要场所
城市休闲中心	城市休闲娱乐设施相对集中的地区，是居民活动、休闲、娱乐的重要场所

快题考试中常考的试题类型主要包括城市中心区、城市火车站地区、城市滨水区等，其中城市中心区是最常见的考题类型。

城市中心区是城市中供市民集中进行公共活动的地方，行政办公、商业购物、文化娱乐、游览休闲、会展博物等公共建筑集中于此，它可以是一个广场、一条街道或一片地区，又称为城市公共中心。由于大城市的公共活动中心趋向多样化和专业化，小城市的公共活动中心趋向集中化与综合化。因此，城市中心区会承担不同的城市功能，在规划设计中应注意各功能片区的融合协调。

4.2 城市重点地段快题考试重点

1. 混合多样的功能分区

城市重点地段的功能是混合的、复杂的，如何处理好不同功能之间的主次关系、位置布局和相关联系是设计师首先要解决的问题，也是重点地段设计的难题。值得一提的是，在考虑功能布局的时候，不单可以通过水平方向来考虑，也可以通过垂直方向来考虑。

2. 开放的空间结构

城市重点地段是城市公共空间的一部分，因此，一定要强调空间的开放性。

3. 立体的交通组织

城市重点地段的交通比较复杂，需要在保证城市交通顺畅的前提下综合考虑不同功能分区的交通问题，做好人车分流、解决机动车的停放问题，营造和谐、友好、连续的步行环境。

4. 城市的尺度

城市重点地段的建筑以公共建筑为主，不同性质的建筑在尺度、造型方面有符合其功能的特点，这也使得城市空间丰富多彩。同时，准确把握城市重点地段建筑、场地的尺度是对在此区域活动的人的行为活动负责任的表现，也是准确反映设计要求的体现。

4.3 城市重点地段快题设计要点

1. 功能结构布局

　　城市中心区强调地段空间结构是一个完整有序的空间体系，因而往往重点打造主要空间和主要轴线，用主轴线串联组织主空间。主空间包括入口空间、序列空间和核心空间等三个部分。最终在空间规划上，通过建筑群体空间组织形成中心区清晰的空间秩序和完整的空间形象。

2. 道路交通组织

　　中心区道路交通的设计主要考虑两个方面：建立良好的对外交通联系和建立基地内不同功能区的交通联系。同时，根据用地规模和形态，设置不同功能和级别道路，避免人车干扰，强化人车分行的设计理念。车行道出入口设置应满足规范要求，距道路交叉口不少于70m，出入口一般不开在城市主干道上，防止中心区车流和城市道路车流的交叉干扰。步行出入口一般会设置在城市主干道的一侧。

　　增加城市支路将用地进一步划分（用地面积大、功能多的快题设计），每个地块面积控制在 4～5hm² 为宜。

　　机动车出入口应位于城市次干道和城市支路上，距城市道路交叉口距离不小于70m。商业公共入口、商业货物出入口、居住入口建议分离设置。

3. 绿化景观系统

　　绿化景观设计的主要作用在于烘托设计主题、强化空间特色。中心区由于人流量较大，硬质铺装面积较大，要注重绿化空间的营造，发挥绿化、水体等景观作用。对于外部空间的营造要注重尺度均衡的原则，避免单薄无变化的处理手法。

　　一般来说，城市中心区开放性的公共空间，可能是以硬地为主的广场，可能是以水、绿地为主的绿地空间，也有可能是两者的结合，主要空间形态分为三种：团状、带状和环状。

4. 建筑空间组合

　　中心区建筑类型多元，设计者要熟悉各种类型建筑的布局要求和形态尺度，灵活布局。商业建筑按照组合方式可分为点状式、线型式、面状式和体块式。其中点状式和体块式基本上是独立式商业建筑或是围绕内部中庭展开，或利用高层建筑在垂直方向上进行功能和形态组织。线型式和面状式相对应为线型的商业街和复合商业街区的两种类型。在规划快题中可利用集中的商业聚合成空间节点（用裙房围合出空间感，用点缀的高层建筑满足容积率）。

　　利用商业街形成趣味性的步行空间。现代商业步行街宜取 D/H=1～2.5，D 值以 10～20m 为宜。（注：由于商业步行街为商业店面临街面，故 H 值一般为商铺的高度或商业裙房的高度，上面的高程建筑应适当再后退。）从而形成良好的商业环境。（线型商业街布局自由、形态丰富。）

第 5 章

园区规划设计

园区快题设计主要包括校园、工业园区、科技园、文化园等设计类型。这里主要介绍大学校园、工业园区两类常见类型。

5.1 校园

1. 基本介绍

对于规划快题考试而言，一般涉及校园规划的类型可能是独立的中学校园规划，或大学校园部分规划（主要包括核心教学区）。校园规划设计主要以"人文主义""场所精神"为设计理念。强调校园空间环境的合理尺度，便于师生交流、交往的室外空间环境的营造。

2. 设计要点

（1）功能结构布局：根据使用功能，校园可分为行政办公区、教学区、生活区、文体区四大类，行政办公区一般位于主入口附近，作为校园的一个形象展示窗口，也防止外来车辆进入；教学楼、实验楼、科研楼等可各自成组，教学区一般位于核心区；宿舍区靠近次入口，方便学生出入；运动区宜相对独立，不宜离教学区、宿舍区太近，避免噪声干扰。

常用的规划组织方式有：组团式、轴线式、格网式等。

通过轴线确定校园空间序列，尽量南北朝向，以保证校园内主要建筑的朝向。一般为"校门前广场——校门——主干道——主广场——主体建筑"的空间序列，主体建筑（图书馆、主教学楼等）围合形成主广场核心空间，且注意轴线两侧不能太空，需要有界面围合。

（2）道路交通系统：校园内交通要处理好车行和人行的关系，采用人车分行、局部人车共行的形式。校园内静态交通的处理主要包括人行和地面停车问题，在校园入口处、主建筑群、体育馆、宿舍区附近应设机动车停车场，在主要建筑区域附近可集中考虑设置自行车停车场，且每个建筑都应直接连接机动车道。

步行系统应连续设置，连接主要生活、学习区。

（3）绿化景观处理：校园景观系统的处理，其使用人群主要为学生和老师，在构建室外空间环境时要根据实际使用需求设置不同开放程度的活动空间。处理好景观轴线及核心景观区域之间的联系。校园的景观设计可以突出人文景观，体现丰富的校园生活。

（4）建筑空间组合：校园建筑切忌单体建筑布局零散，要成组团、有主次，注意单体建筑尺寸，避免体量失衡。教学楼、实验楼是校园的主体建筑之一，常用的组合方式有行列式和围合式，在行列式设计中要统一考虑建筑车行、步行入口，也可以通过连廊的形式，将单体建筑联系起来，形成半围合空间，既丰富了空间层次，也有助于形成院落、广场空间。

5.2 工业园区

1. 基本介绍

工业园区快题设计考察相对较少。工业园区主要分为生产车间区、办公区、生活区三部分，功能分区明确，特征突出，在做此类规划快题时应处理好各功能分区之间的联系并组织好交通运输路线。注意工业园区与城市整体布局的关系及对周边环境的影响。

2. 设计要点

工业园区内的主要建筑为工业建筑，其空间布局首要的问题是如何组织好人流、货流的交通。人流，主要指职工活动的动线。货流，包括原料的运入和成品的运出。好的交通运输路线组织必须保证流畅、便捷而又互不干扰。各生产车间的布局应尽量符合生产工艺流程的需求，且对于排出有害气体的车间，一般安排在下风向。工业建筑群体布局虽然受到生产工艺制约，但也不能忽视空间环境的处理。

第6章

城市历史地段

及旧城改造

6.1 基本介绍

城市历史地段及旧城改造的概念反映到城市历史地段及旧城改造快题中主要分为以下两类。

（1）城市历史街区设计，主要从尊重原有文脉出发，拓展未来发展可能，以规划纪念性的历史文化中心及配套特色商业街区、特色旅游休闲街区、特色文化产业基地等为内容的规划快题类型。

（2）旧城更新，以住区规划、营造社区公共活动空间、商业开发等为内容的规划快题类型。

6.2 设计要点

1. 功能结构布局

包括历史街区中地段和街道的格局和空间形式，建筑物和绿化、旷地的空间关系，历史性建筑的面貌等，包括与自然和人工环境的关系，均应予以保护。现

代建筑与中心地段的历史建筑拉开一段距离，从而突出历史建筑在地段的主体性。

2. 道路交通组织

建立以步行空间为主的交通空间系统。注意在历史地段步行街入口处理好交通衔接，例如公交车换乘点的设置、开辟相应的开放空间、设置适当的停车场地、入口标示设置等。

3. 绿化景观处理

可以通过不同形式的铺地、绿地设计，抬高和降低地坪等方式改变底界面给人的视觉感受，保持原有的尺度与比例关系。可以通过小品、树木、廊子等的设计削弱新建的建筑物的大尺度，以复合界面的方式延续旧有尺度关系。

4. 建筑空间组合

在道路、建筑物的转折或会合的地方，空间的连续形态常常被打断，可通过设置开放空间，保持这些空间之间的相互联系，从而使整个空间形成一个整体。注意保留原有的历史地段空间尺度和肌理。

第 7 章

优秀快题案例

解析

7.1 南方城市某住区及城市公共服务设施规划设计

1. 项目用地概况

　　项目位于气候条件为夏热冬暖的南方某市市区，用地北临市政路，路北为已建成的商品房住区。用地西北侧市政路对面为杂乱的临时工棚，未来将改建为商品房住宅，用地西侧为即将建设的规划路，路西侧为由密集住宅及厂房等组成的典型城中村。除因修建规划路需拆除的部分建筑外，将对其余城中村进行环境优化改造，其中厂房将改造为创意产业园，用地东侧为在建商品房住区，东南侧与开阔湖面相邻。而南端隔水系为临湖城市绿化地，红线范围内总用地面积 8.3957 hm²，用地范围内地形基本平坦，红线内的部分零散建筑物及构筑物将全部拆除（用地情况详见附图，用地范围及周围条件图），用地内拟建一商品房住区及服务对象包括本住区在内的周围城市社区的公共服务设施。

2. 规划设计内容

　　（1）总用地面积 8.3957 hm²。

　　（2）容积率小于等于 1.3（不含城市公共服务设施用地及建筑面积）。

　　（3）总建筑面积小于等于 107000 m²（不含地下室面积）。包括以下内容。

　　① 城市公共服务设施（城市酒店及老人活动中心）。

　　城市酒店（含约 150 间标准客房及相应的餐饮、商业、休闲娱乐等服务设施，层数可自行设定，布局方式不限），建筑面积约 12000 m²。

　　老年人活动中心（为老年人提供娱乐、休闲、运动及学习等室内外活动空间，建筑层数可自行设定，布局方式不限），建筑面积约 1500 m²。

　　城市公共服务设施的服务对象不仅是本住区的住户，还应包括周围城市其他社区的居民。城市公共服务设施需划出独立用地，总面积控制在 12000 m² 以内（其中城市酒店用地约 8000 ~ 9000 m²，老年人活动中心用地约 3000 ~ 4000 m²）。城市酒店及老年人活动中心需分别保持用地、建筑、布局及交通出入的相对独立性，但同时应考虑到老年人活动中心的使用者能方便利用城市酒店的餐饮、商业、娱乐休闲等服务设施。

　　② 住区。

　　住宅约 92000 m²，总户数约 700 余户，户型规模以四房两厅、三房两厅及两房两厅（建筑面积 90 ~ 160 m²/户）为主，住宅类型可根据各自方案设计其他住宅类型，层数原则上以多层（4 ~ 6 层）及 11 层或以下小高层住宅为主，可适当考虑部分 18 层或以下其他类型的住宅；小型会所 1500 m² 左右，包括文体休闲活动设施及物业管理用房等。

　　（4）住宅日照间距比例大于等于 1。

　　（5）停车位，城市公共服务设施需分别设若干地面停车位，住区停车位按住宅 0.5 个/户配置，停车方式（集中、分散、地面、地下）不限，但要求在规划设计中表示出地面停车位和地下停车库范围及出入口位置。

　　（6）建筑密度、绿化率等不做硬性规定，考生可根据各自方案确定。

　　（7）用地范围内建筑退红线各方向均大于等于 5m。用地东南角红线外的临湖滨水空间可根据本项目的环境规划设计，需要进行相应改造。

3. 规划设计要求

　　（1）简要规划设计说明（400 字以内，含主要技术经济指标）。

　　（2）总平面图 1：1000（徒手或工具绘制，要求比例正确，并参照附图表示出 50m 方格网）。

　　（3）景观节点构思（不做特别规定，以反映方案特征为目的）。

　　（4）规划分析图（规划结构、道路系统、绿化景观、空间系统等）数量不限，以能说明方案特征为主。

　　（5）图纸：A2 绘图纸，纸张不限。

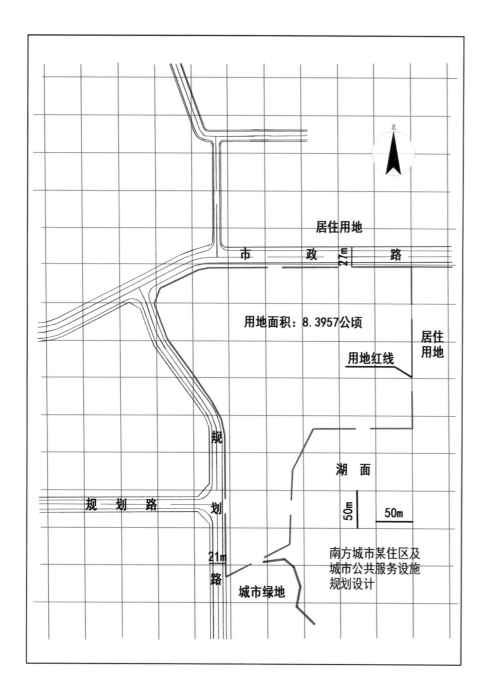

居住用地

市 政 27m 路

用地面积：8.3957公顷

居住
用地

用地红线

规

湖 面

规 划 路

划

50m 50m

21m

路

城市绿地

南方城市某住区及
城市公共服务设施
规划设计

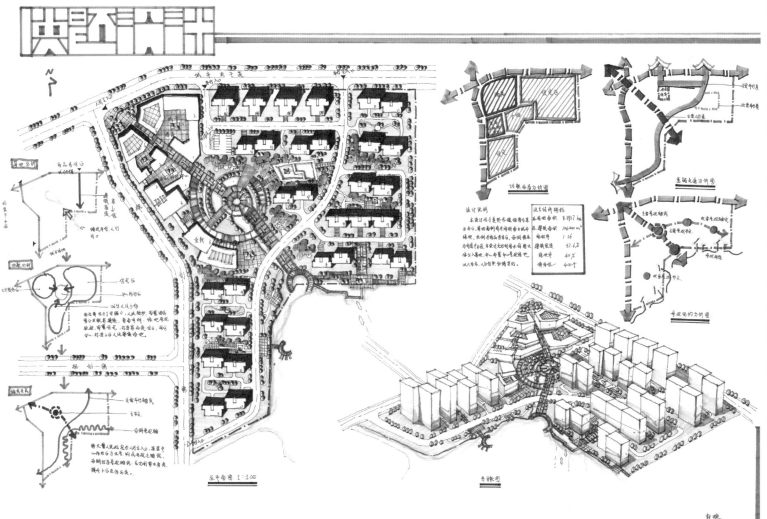

快题设计

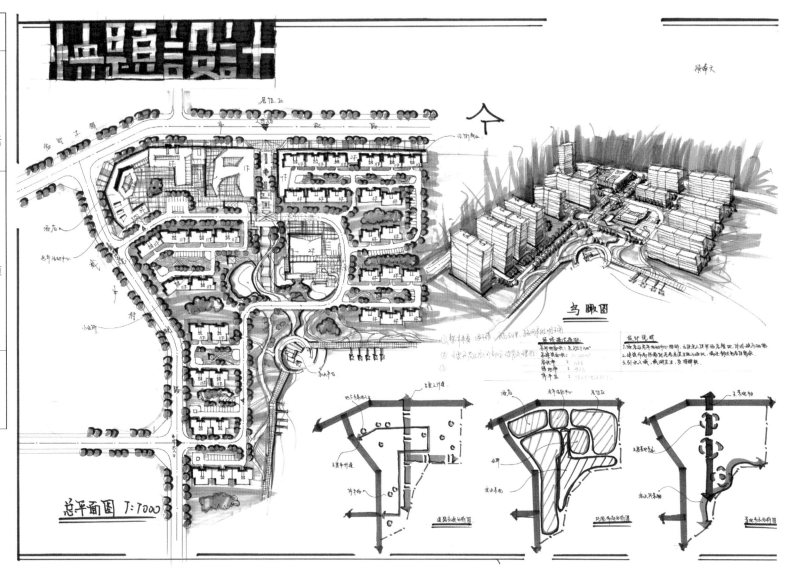

名称：001-170206-0023

优点：

（1）整体来说，分区明确，结构比较清晰，中心突出。

（2）路网的设计能够很好地满足交通需求，酒店和老年人活动中心也有相对独立的交通。

缺点：

（1）建议将北面的步行出入口改成车行出入口。

（2）对西边的创意产业园考虑较少，滨水步道与小区步行道联系不足。

（3）小区中心景观处理有点过于简单。

建议：

加强专业知识的学习和积累；

加强景观设计；加强场地设计。

总平面图 1：1000

鸟瞰图

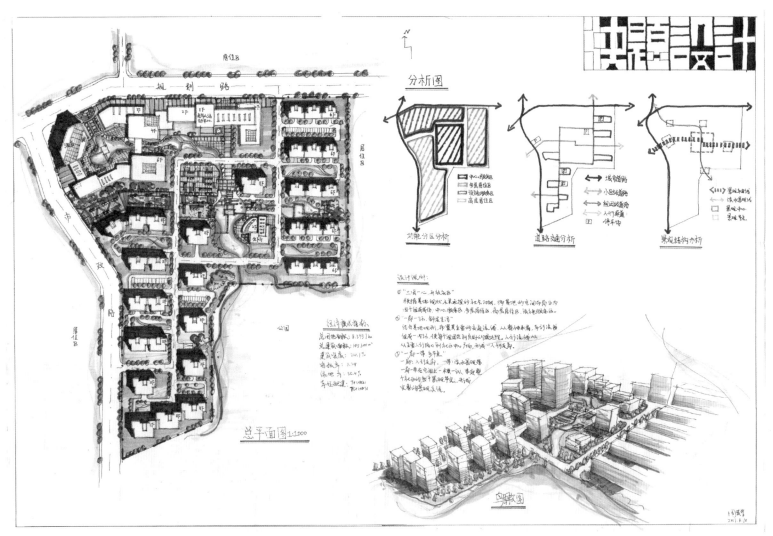

分析图

功能分区分析

道路交通分析

景观结构分析

总平面图 1:1000

鸟瞰图

名称: 001-160128-0060

优点:
功能分区明确合理、结构清晰、中心突出，组团划分也比较合理。

缺点:
（2）采用方形的内环路，方形内环路与基地契合度不高，居住小区级道路开口过多，缺乏组团路的设计。
（2）对滨水景观、城市绿地及创意产业园等周边环境考虑不周。

建议:
加强场地设计，加强道路布局与地块周边环境之间的关系处理。

名称: 001-170206-0023

优点:

(1) 整体表现良好, 结构清晰。

(2) 轴线设置灵活, 中心较突出。

缺点:

(1) 组团划分不够明确, 幼儿园位置的选择不理想。

(2) 公共建筑的形式, 组合方式有待加强, 且对停车位考虑不周。

(3) 滨水景观的处理比较粗糙。

建议:

应注重专业知识的积累与学习, 可以多看一些与建筑学相关的书籍; 在联系过程中, 应注重各个组团与核心空间之间的联系。

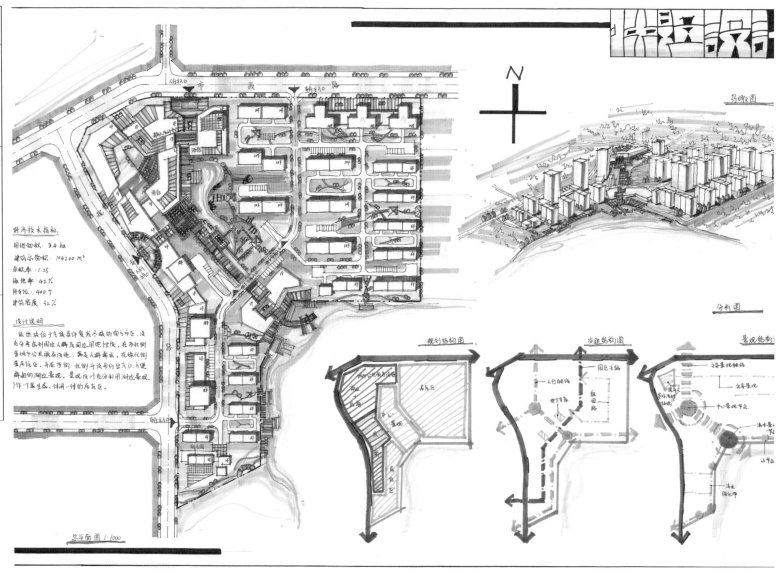

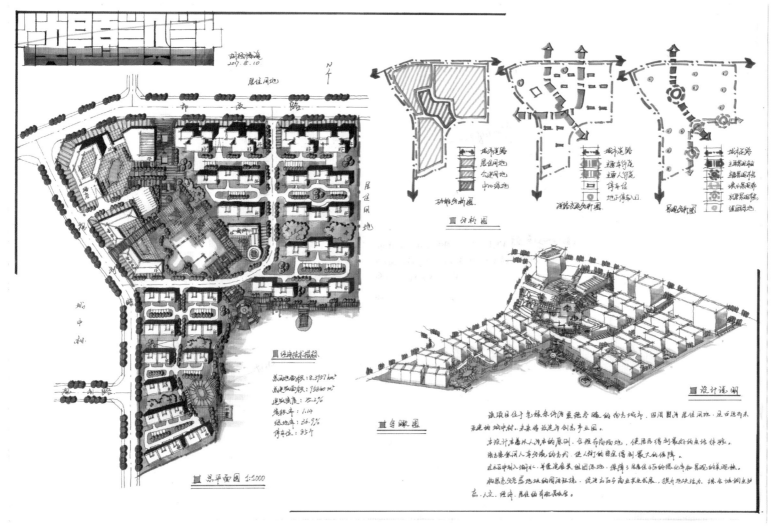

动物桥流流
2017.8.10

居住用地

N

印象路

居住用地

地中村

嘉南路

■ 经济技术指标

总用地面积：18.3957 hm²
总建筑面积：95840 m²
建筑密度：75.2%
容积率：1.14
绿地率：36.9%
停车位：85个

■ 总平面图 1:1000

■ 分析图

城市道路
居住用地
众用用地
中心绿地

功能结构图

城市道路
主要车行流
主要人行流
停车位
地下停车入口

道路交通分析图

城市径路
主要景观轴
次要景观轴
滨水景观带
滨景景观点
组团绿地

景观分析图

■ 鸟瞰图

■ 设计说明

该项目住于气候条件消足独灯地的为城市。因周调消居住用地。因而绿为未来建地地中村。未来将发展为创品事业园。

本规划本着以人为本的原则。合理布局用地。使居民得到最好的在绿休税。该主要采用人车分流的方式。使人街的团住得到最大的保障。

在居住区中引入滨水。半度悉各类组团绿地。保障3居住片面的绿化和景观的集居地。

构居充足老嘉地地纳用阶阶标线。优地为面多商业发生展。提升地块魅力。综合城调业地。高、人文、经济、居住的和谐居住。

名称：001-160128-0060

优点：

整体分区比较明确，结构清晰，中心突出，组团划分也比较合理。

缺点：

（1）用 L 形路网，基本能够解决交通问题，但小区主路上开口太多，应进一步强化组团路的设计。

（2）酒店和老年人活动中心被车行道分隔开，联系不够紧密。

（3）在小区核心广场旁边布置集中停车场是一个败笔。

建议：

应注重专业知识的积累与学习，住区道路的分级应弄清楚；景观设计、硬质铺装的处理缺少美感，应进一步强化。

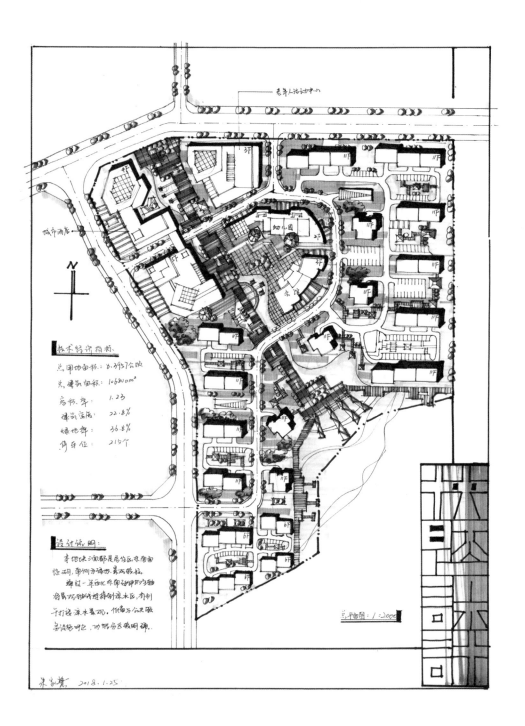

7.2 中南地区某城市住宅小区

1. 基项目用地概况

该住宅小区用地面积约 10 hm²。分为地块 A 与地块 B，地块与地块之间被一条 24 m 宽的城市设计支路隔开。地块 B 中有一棵古树需要保留，两地块内地势平坦。用地北面和东面都为住宅区，西面为城市商业区，南面为城市生态公园。

2. 规划设计内容

（1）住宅以多层为主，可适当安排小高层建筑。

（2）小区内要求设置文化活动中心和幼儿园，其余公共建筑和市政设施按规划要求布置，不配置小学。

（3）小区内停车位布置按总户数的 50% 考虑。

（4）小区技术经济指标要求：容积率为 1.2，平均每户建筑面积为 100 m²。

3. 规划设计要求

（1）小区规划平面图的比例为 1 ∶ 1000，需标注主要公共建筑及设施名称、各类建筑层数、小区内道路宽度等。

（2）规划构思图。

（3）重点区域放大图及效果图（或小区鸟瞰图）。

（4）设计说明，含主要技术经济指标等。

（5）图幅要求为 A1。

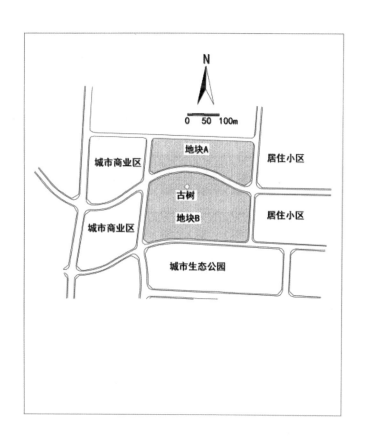

名称：001-170206-0023

优点：
（1）整个图面效果较好，鸟瞰图空间感表现得较为出色。
（2）通过U形路网，较好地解决了交通问题，并将南北地块串起来了。但部分组团路和宅间路的组织有点混乱。
（3）中心突出，通过点高和公共建筑共同围合出小区的中心。

缺点：
（1）部分11层的小高层建筑体量、形态不对，无法设置电梯井。
（2）南北地块步行道衔接的地方有点生硬。

建议：
加强专业知识的学习；多临摹研究实际案例。

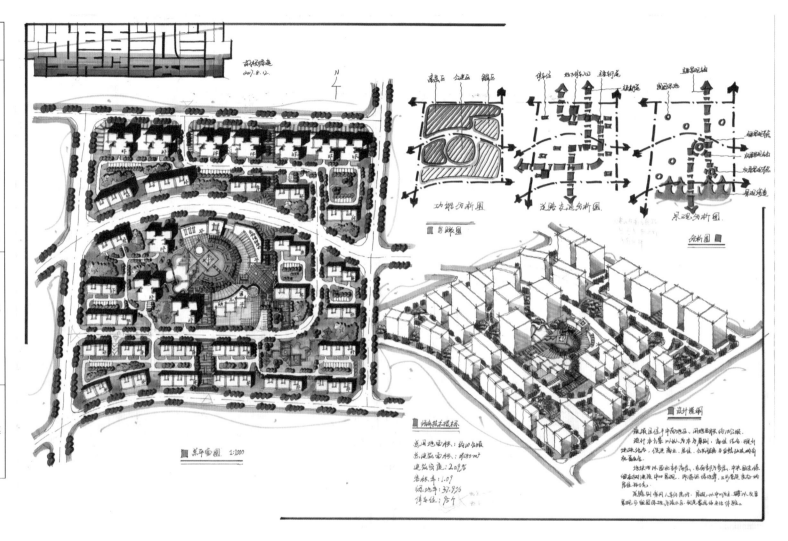

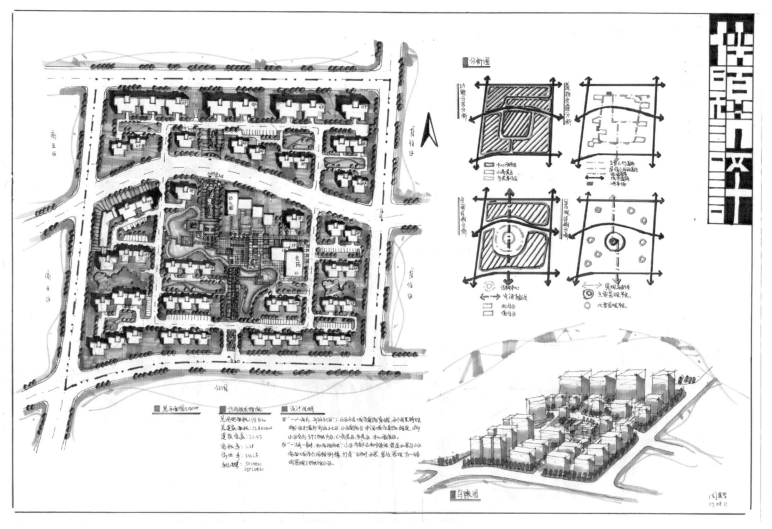

名称：001-160128-0060

优点：
（1）方案整体来说比较合理，中心也比较突出，南北两个地块之间通过车行道、步行道建立了联系。
（2）建立了比较完善的步行道。
（3）核心景观的设计结合水体来处理，比较到位。

缺点：
（1）水体与周边建筑缺乏联系。
（2）南面中心组团划分有点大，导致部分居住建筑独立布置。

建议：
加强专业知识的学习；多临摹研究实际案例；景观设计能力（建筑与场地的关系、建筑与水体的关系等）还需进一步提高。

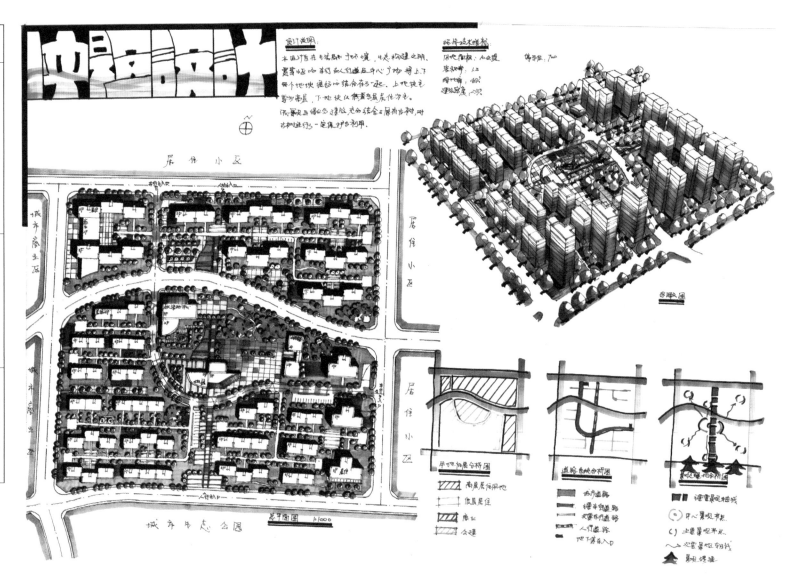

7.3 大学校园规划设计

1. 项目用地概况

我国南方某大城市拟在城市高新区规划一所职业专科学校，规划地块面积为 11.18 hm²，基地中有一条 18 m 宽的城市支路穿过，规划用地包括南、北两地块。地跨东侧为 35 m 宽的城市主干道，北侧、西侧、南侧均为 20～24 m 宽的城市次干道。基地内原有建筑一并拆除。北地块基地内有一处山体，两处水塘，山高 7 m，规划时均可利用。基地周边均为筹建的高新技术创业园，地形如图所示。

2. 规划设计内容

(1) 规划内容。

各类建筑面积如下。

教学楼：12000 ㎡。

图书馆：5000 ㎡。

实训楼：8000 ㎡。

行政楼：3000 ㎡。

学生宿舍：15000 ㎡。

教师单身公寓：2000 ㎡。

风雨操场：3000 ㎡。

体育场地：400m。

标准田径场、篮球场及排球场若干。

综合服务配套：8000 ㎡ (其中食堂 4000 ㎡，另外设置商业、餐饮、超市、活动中心、停车场等)。

其他：根据设计自定。

(2) 用地容积率控制小于等于 0.55，建筑高度小于等于 24m，建筑密度小于等于 30%，绿地率大于等于 30%

(3) 新建建筑要求城市道路红线后退 5 m，绿线后退 5 m。满足校园规范上的要求。

注：本次评分严格根据整幅图幅 (即分数包含总平、鸟瞰、分析图等)。

3. 规划设计要求

请根据设计要求完成以下 5 个内容。

（1）请按设计要求布置总平面 (100 分)。

（2）绘制功能结构分析图、景观分析图和道路系统分析图 (15 分)。

（3）完成 200 字以上的简要设计说明 (10 分)。

（4）计算主要技术经济指标 (5 分)。

（5）能体现空间意向的效果图 (20 分)。

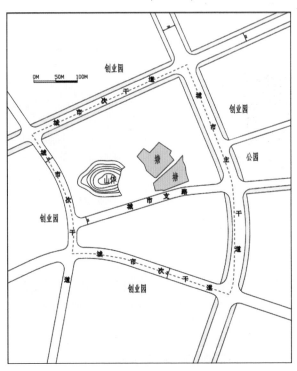

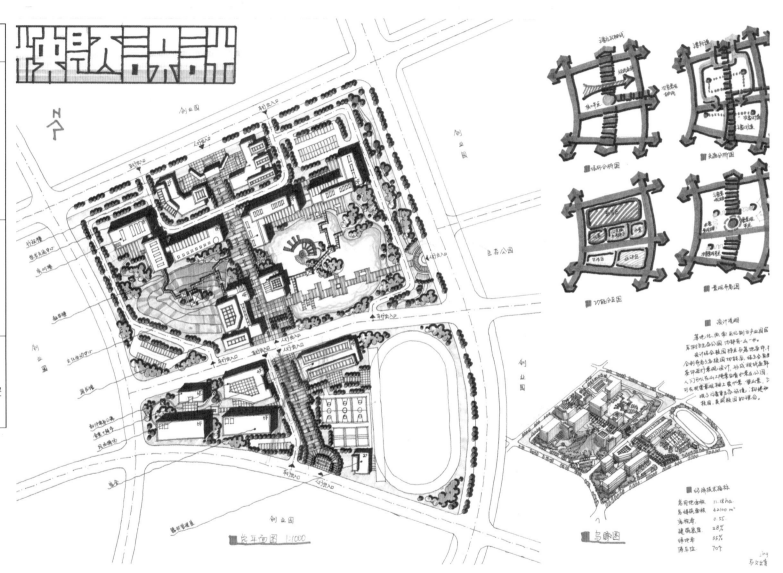

名称：001-170206-0023

优点：

（1）方案整体还不错，但小问题比较多。

（2）分区比较合理、结构清晰，表现效果不错。

（3）建筑尺度把握得比较准确，可识别度高。

缺点：

（1）核心空间的开敞氛围没有营造出来。

（2）车行出入口太多，应进一步整合。

建议：

加强实际案例的临摹与研究，在练习过程中，要注意核心空间的营造及布局。

总平面图 1:1000

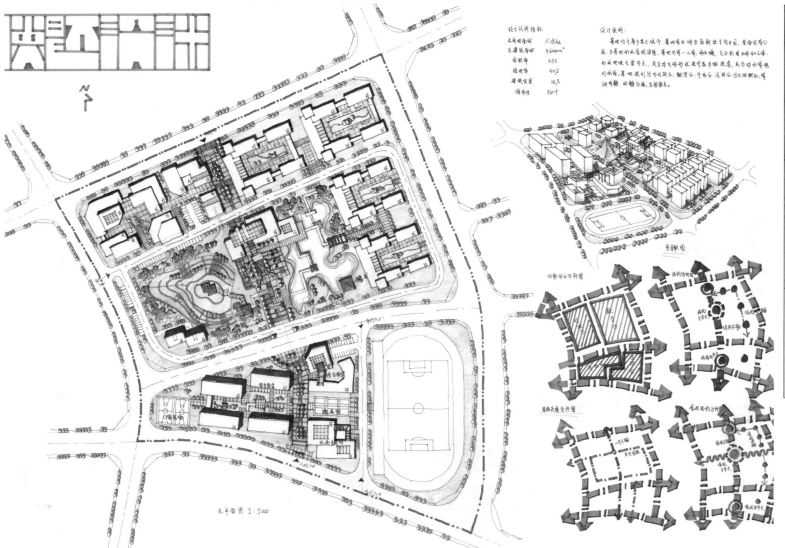

总平面图 1:1000

技术经济指标
名称: 001-160128-0060

名称：001-170206-0023

优点：

（1）功能分区合理，结构比较清晰，校园秩序空间比较突出。

（2）建筑尺度把握得比较准确，可识别性强。

（3）通过图书馆与活动中心布置，结合山体、水体共同组成校园核心共享区域，建筑关系处理得当。

缺点：

车行道的组织还需进一步考虑。

建议：

进一步加强细节设计、场地设计，使设计更有深度和厚重感。

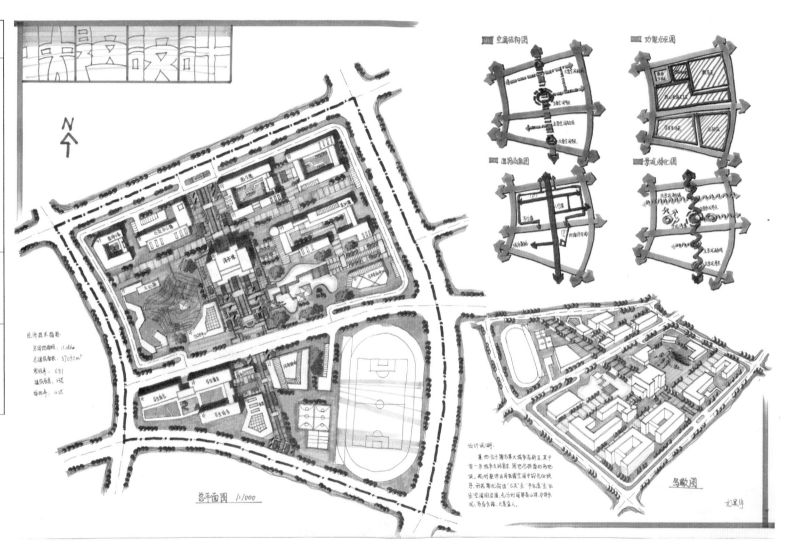

总平面图 1:1000

鸟瞰图

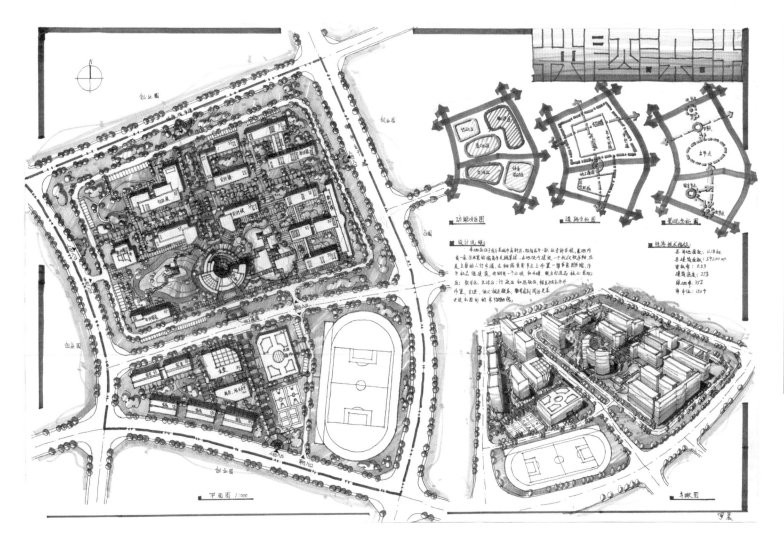

名称：001-160128-0060

优点：

（1）画面细致，整体感较好。

（2）分区合理、结构清晰。

（3）采用环形路网，较好地解决了交通问题，人行动线比较清晰。

缺点：

图书馆的主体地位比较突出，实训楼尺度偏小。

建议：

进一步加强建筑尺度对建筑尺度的理解，加强对建筑空间的营造。

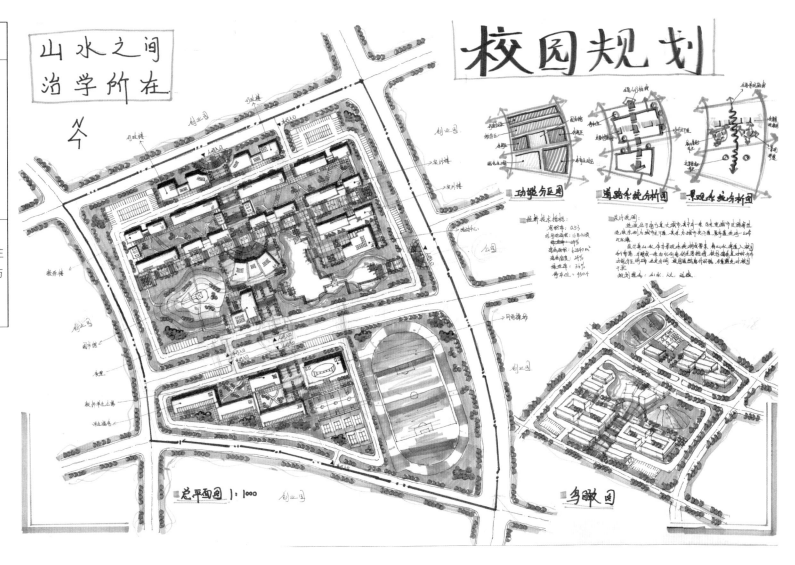

名称：001-170206-0023

缺点：
（1）分区明确但不合理，教师公寓、食堂的布局还需斟酌。
（2）南面地块没有必要采用环形路网。
（3）图书馆缺乏与水体、山体的联系。

建议：
捋顺功能分区的几个原则，注意理解各个功能之间的联系与区别，要灵活运用已学知识，不能生搬硬套。

山水之间
治学所在

校园规划

功能分区图　　道路系统分析图　　景观体系分析图

总平面图1：1000

鸟瞰图

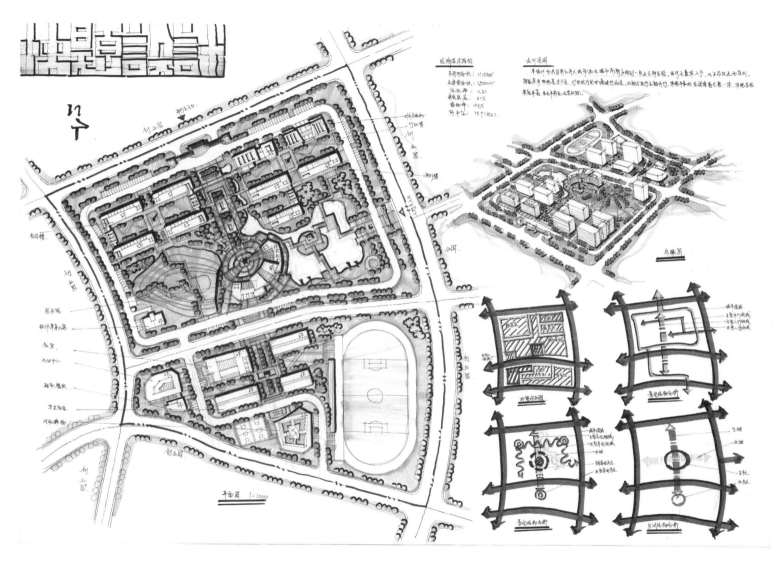

名称：001-160128-0060

优点：
（1）整体图面效果较好，鸟瞰图表现到位。
（2）功能分区合理，结构比较清晰。

缺点：
南面地块的功能被车行道分割过多。

建议：
平常可以多琢磨、临摹实际案例；注重素材及知识的积累。

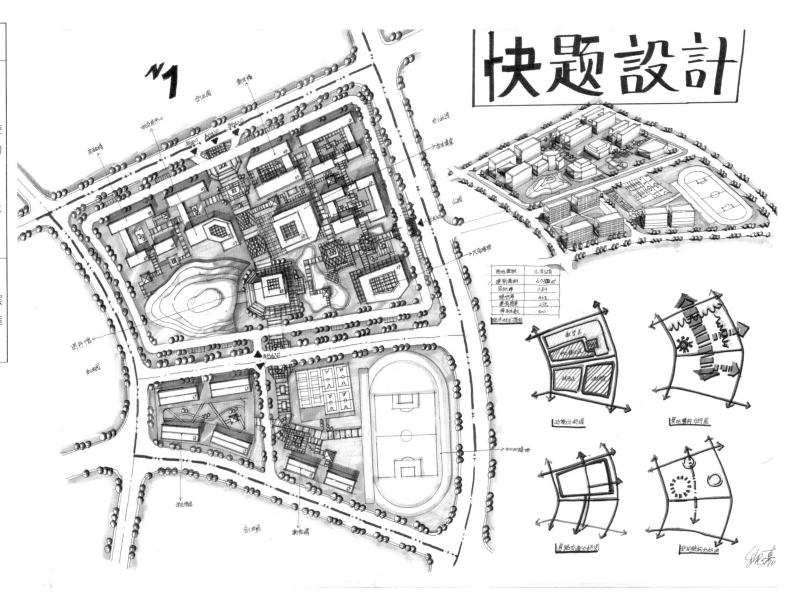

名称：001-170206-0023

缺点：
（1）结构清晰，但功能分区有待考虑；食堂置于教学区，使用不方便；教师公寓置于运动区也不合理。
（2）图书馆尺度偏小，开敞空间没有营造出来，缺少与山体和水体的联系。

建议：
训练过程中，注意加强不同层级开敞空间的营造，掌握营造方法。

快题设计

功能分析图　　景观结构分析图

道路交通分析图　　空间结构分析图

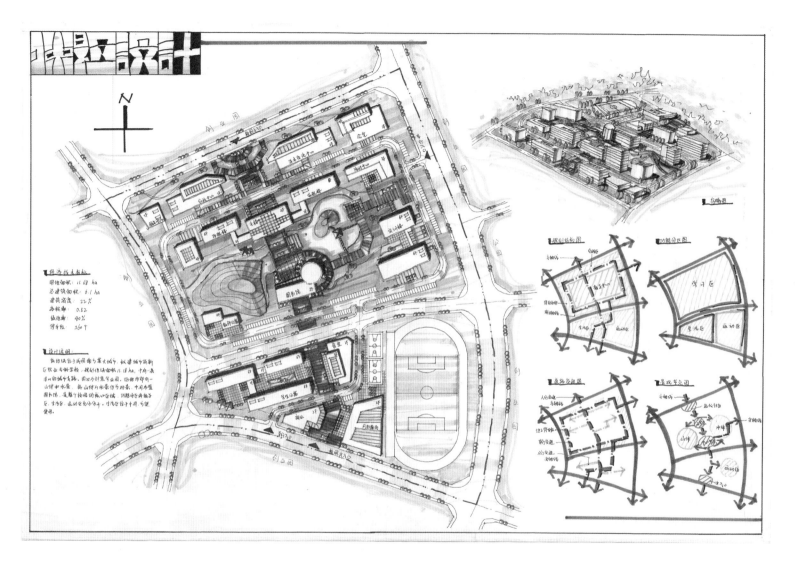

名称：001-160128-0060

优点：
（1）整体图面效果不错，中心比较突出。
（2）功能分区合理，结构清晰。

缺点：
图书馆的主体地位不突出。

建议：
加强专业知识的学习与积累，平常可以多琢磨临摹实际案例。

7.4 南方地区某大城市文化娱乐中心区规划设计

1. 项目用地概述

该地块位于某大城市滨河重点地段，用地面积约 11 hm²。基地为无高差平坦场地，东边为商业区用地，南边为居住区用地，西边为沿江绿化带，北边为居住区用地。基地四周临城市干道（东边、西边城市道路红线总宽 36 m，车行道宽 28 m，人行道宽 4 m，南边、北边城市道路红线总宽 24 m，车行道宽 14 m，人行道宽 5 m，见附图）基地内有一条 10 m 宽的小河穿过。

2. 规划设计内容

根据城市滨河重点地段规划基地的道路交通与周边用地情况，合理布局，实现土地的综合利用，为人们创造一个舒适、安全、便捷、宜人的公共活动空间，并使该地段具有较好的滨河景观效果。

（1）规划项目设置。

①大型超市及购物中心（40000 m²）。

②特色商业街（20000 m²）。

③综合写字楼（20000 m²）。

④宾馆（20000 m²）。

⑤高档住宅公寓（面积不限）。

（2）规划设计条件

①层数不限、风格不限，由考生自己根据空间形态要求设计。

②容积率不小于 2.0，不大于 4.0。

③绿地率大于 35%。

④建筑密度小于 45%。

⑤考虑停车等配套设施规划，要求符合国家相关法律法规要求。

3. 规划设计要求

（1）规划总平面图的比例尺为 1：1000。

（2）简要文字说明及经济技术指标。

（3）规划结构、交通、景观等分析图（比例自定）。

（4）整体鸟瞰图或局部地区透视图（比例自定）。

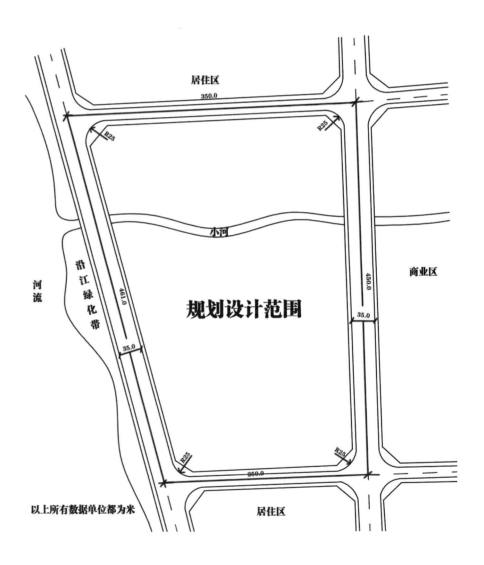

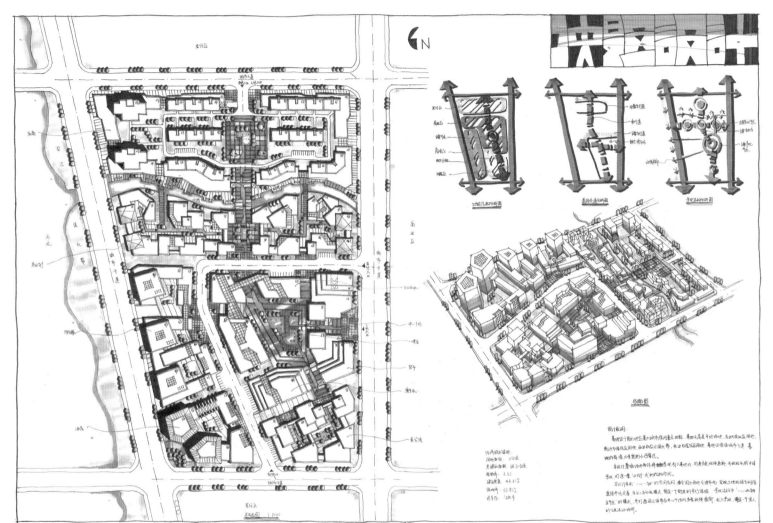

名称：001-170206-0023

优点：
（1）图面整体效果比较好，功能分区合理，结构比较清晰。
（2）道路交通组织比较到位，步行空间设置合理，且具有连续性。
（3）建筑尺度把握得比较准确，可识别度比较高，空间感比较丰富。

缺点：
（1）住区底层商业街布置太多，将商业的人流引入到住区中，对住宅的私密性有一定的影响。
（2）商业水街通行不是很方便。

建议：
平时可以多看一些建筑学相关书籍，增强对建筑单体以及建筑空间组合的理解。

85

名称：001-170206-0023

优点：

（1）方案结构清晰，整体布局合理。

（2）建筑空间组合整体性较强，建筑尺度把握比较准确。

（3）T形路网能够很好地适应本题的要求。

缺点：

（1）将商业街的人流引入居住小区，虽然用底层商业街做了一定的隔断，但是对私密性及小区的档次有一定的影响，建议居住小区不用设计过多的底层商业街。

（2）开场空间与周边的建筑融合度不高。

（3）地面停车场的位置值得商榷，制图不规范。

建议：

场地设计可以进一步强化，可参阅《建筑学场地设计》一书；建筑与场地的关系可以处理得更协调统一。

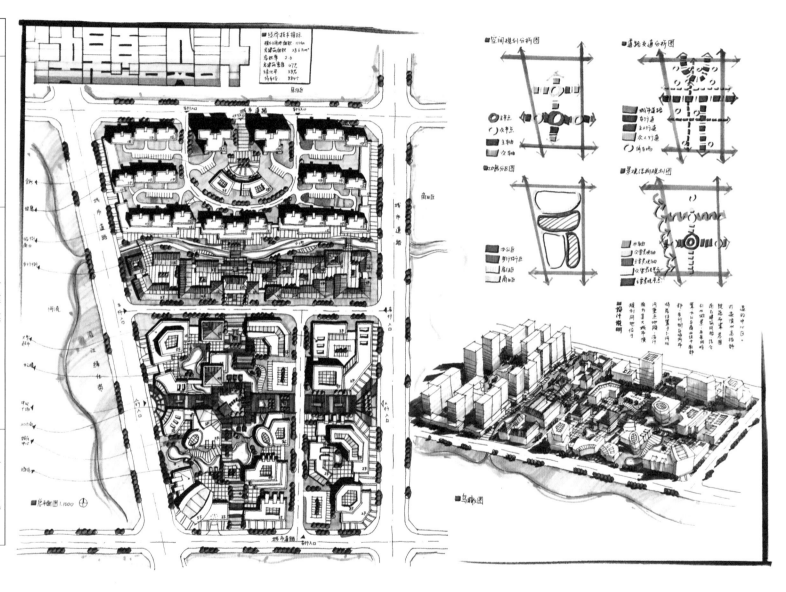

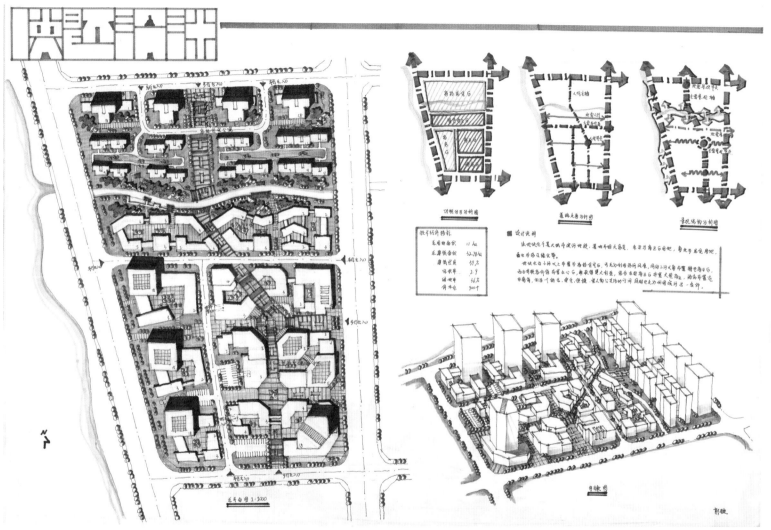

名称：001-170206-0023

优点：

（1）方案整体比较"正"，结构清晰，整体感较强，给人眼前一亮的感觉。

（2）高档住宅布置在河流的北面，保证了其私密性。

（3）不同性质的建筑可识别性强，尺度、形体把握准确。

缺点：

（1）不应将商业街的人流引入居住小区内。

（2）对地面停车位考虑不周。

建议：

在后续练习过程中，进一步强化规划空间结构；硬质铺装的处理应更协调、统一。

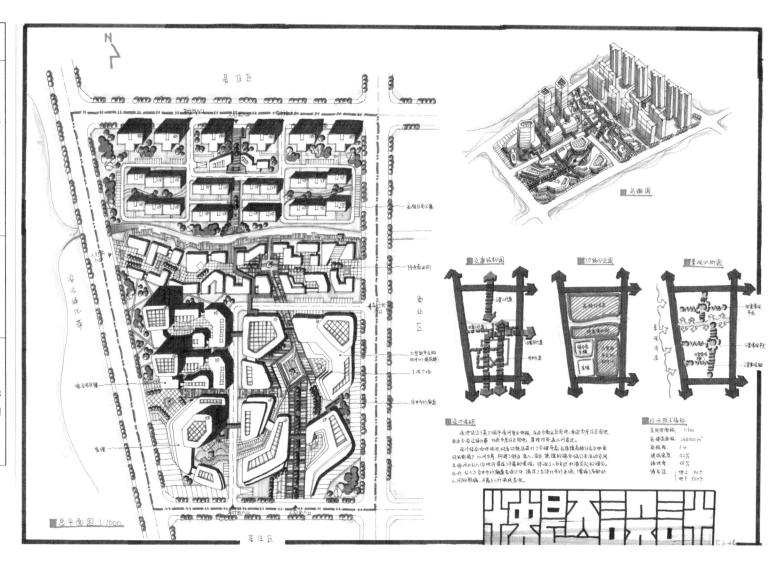

7.5 秀川镇中心区地震灾后恢复重建规划设计

1. 项目用地概述

秀川镇是 5·12 大地震的极重灾区，全镇在地震之中被夷为平地，现在恢复重建过程之中，需要进行中心区规划设计。该镇镇区规划建设用地规模为 80 hm²，人口约 1 万人。此次设计的中心区位于桃溪和汶江交汇处，分为南、北两个地块，总用地面积约 6.20 hm²(内含桃溪水面 0.96hm²)。沿江路是上层次规划确定的镇区避震疏散主通道，红线宽度 18 m，其他道路红线宽 15 m，各路口转弯半经均为 15 m。汶江中的码头曾是救灾部队登陆的地点。周边用地情况见附图。

2. 规划设计内容

（1）功能构成。

① 镇级商业中心 8000 m²；其他商业建筑 4000 m²（可分散布置）。

② 160 间客房的三星级旅游酒店，建筑面积 14000 m²。

③ 镇文化活动中心，建筑面积 4000 m²（含地震纪念馆 1000 m²）。

④ 中小户型住宅不少于 20000 m²。

（2）规划设计要点。

① 建筑密度：桃溪以北小于 40%，桃溪以南小于 30%。

② 总容积率应小于或等于 1.0（总用地面积按 6.20 ~ 0.96 hm² 计）

③ 绿地率不小于 20%。

④ 应设计总共不少于 8000 m² 的城市绿地或广场兼作避震疏散场所。

⑤ 建筑限高 30 m。

⑥ 建筑形体和布置方式应有利于抗震和疏散。

⑦ 避震疏散主通道应保证在两侧建筑倒塌后仍有不少于 7m 的有效宽度，两侧建筑倒塌后的废墟宽度可按建筑高度的 2/3 计算。

⑧ 居住建筑间距：平行布置的多层居住建筑南北向间距为 $1H_s$（H_s 为南侧建筑高度），东西向 $0.8H$（H 为较高建筑的高度），侧向山墙间间距不少于 6 m。

⑨ 地面停车位：150 个（含住宅配建 60 个）。

3. 设计表达要求

（1）总平面图比例尺为 1：500，须注明建筑名称、层数，表达广场绿地停车场等要素。

（2）鸟瞰图或轴测图不小于 A3 幅面。

（3）表达构思的分析图（自定）。

（4）附有简要规划设计说明和经济技术指标。

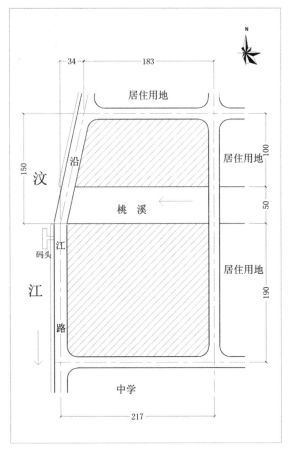

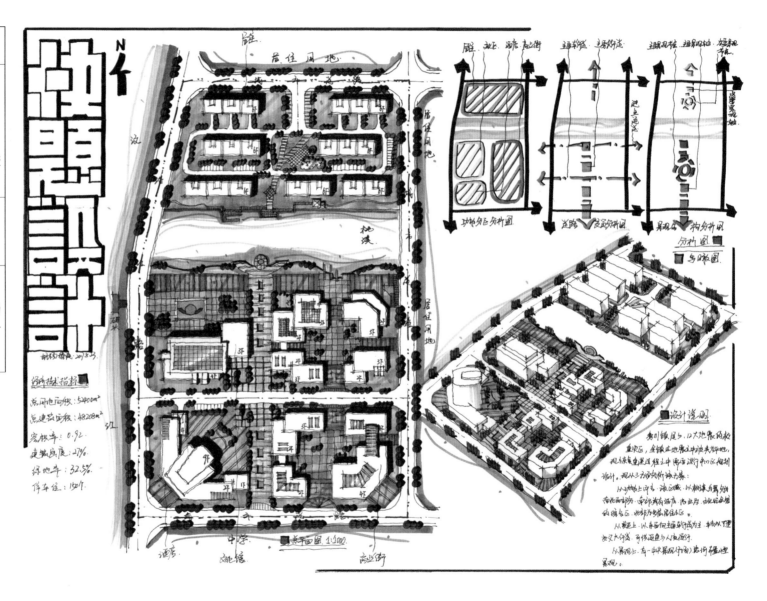

名称：001-160128-0060

优点：
（1）功能分区合理、结构清晰、整体效果比较好。
（2）建筑尺度把握比较准确，造型也比较活泼，建筑空间变化多样。

缺点：
缺乏对地面停车位的考虑。

建议：
场地设计过于单薄，应加强场地设计；硬质铺装、景观设计单一且无亮点，应予以加强。

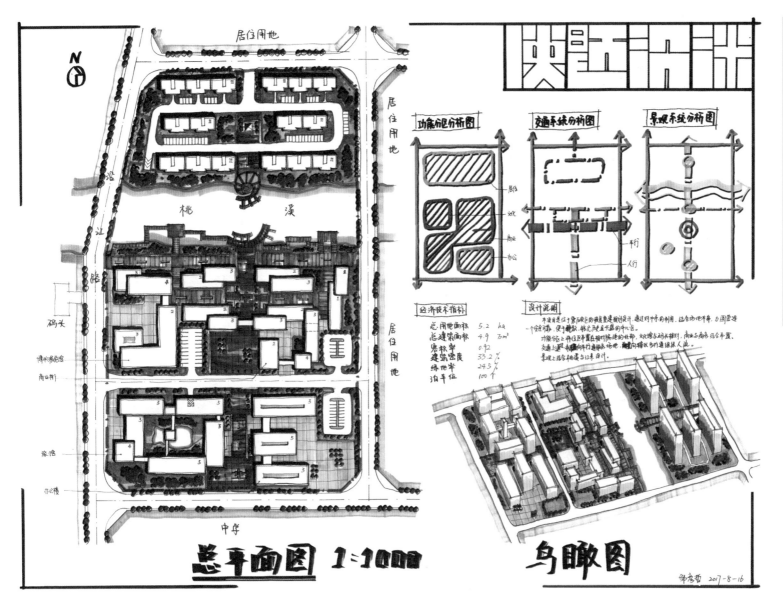

优点：
道路交通组织合理，功能分区
欠佳，景观营造得比较丰富。

缺点：
（1）办公区和商业区缺少联系。
（2）商业街人流导向不清晰。
（3）建筑造型手法比较单一。

建议：
将所学快题知识与专业知识融
会贯通；景观设计、场地设计
还需进一步强化。

居住用地

居住用地

居住用地

桃溪

码头

博物展览馆

商业街

宾馆

办公楼

中字

总平面图 1:1000

功能分区分析图

雕塑
游憩
商业
办公

交通系统分析图

车行
人行

景观系统分析图

经济技术指标

总用地面积　5.2　ha
总建筑面积　4.9　万m²
容积率　　　0.92
建筑密度　　33.2　%
绿地率　　　24.5　%
泊车位　　　100　个

设计说明

鸟瞰图

邻志雪 2017-8-16

名称: 001-170206-0023

优点:
(1) 整体图面效果比较好,结构清晰、分区合理。
(2) 建筑尺度把握比较准确,可识别度高,但建筑装饰过多。

缺点:
(1) 对码头考虑不周,应留出集散广场。
(2) 缺乏对滨水景观的考虑。

建议:
后续练习过程中,应注重对题目的理解,找准题眼,如本题中登陆码头的处理。

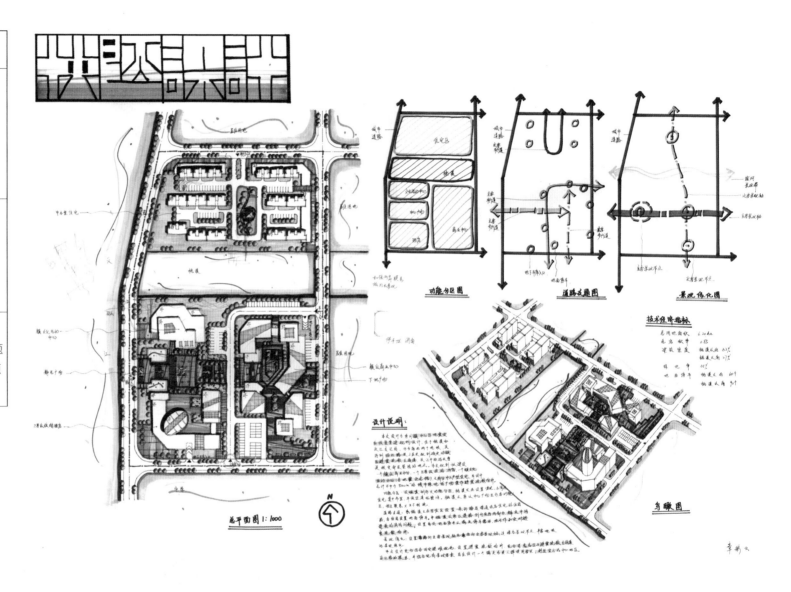

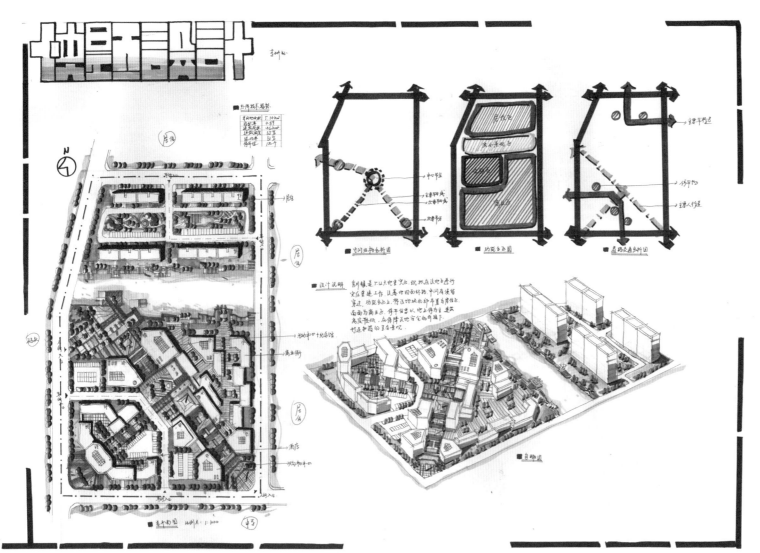

名称：001-170206-0023

优点：

(1)整体来说是个不错的方案。

(2)分区合理、结构清晰、景观处理比较到位。

缺点：

(1)居住区滨水底层商业街过于内向，服务人群较少。

(2)酒店的朝向问题。

(3)南部地块停车不能满足使用要求。

建议：

能够较为熟练且准确的运用所学知识来解题，建议进一步琢磨优秀实例。

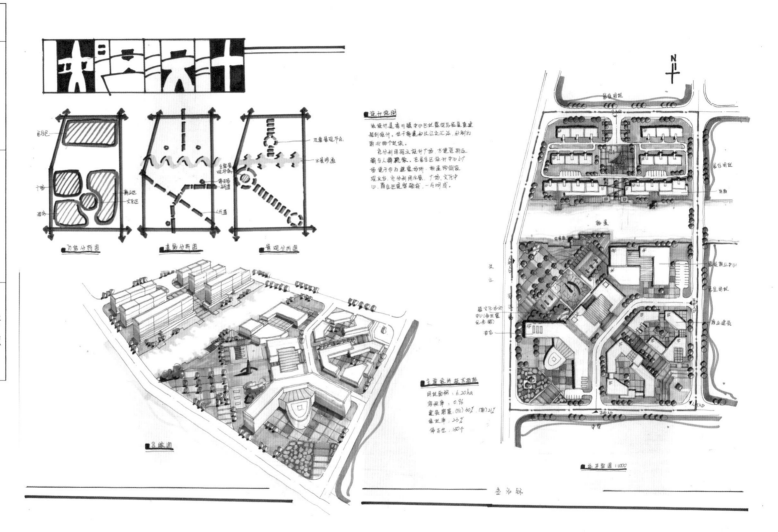

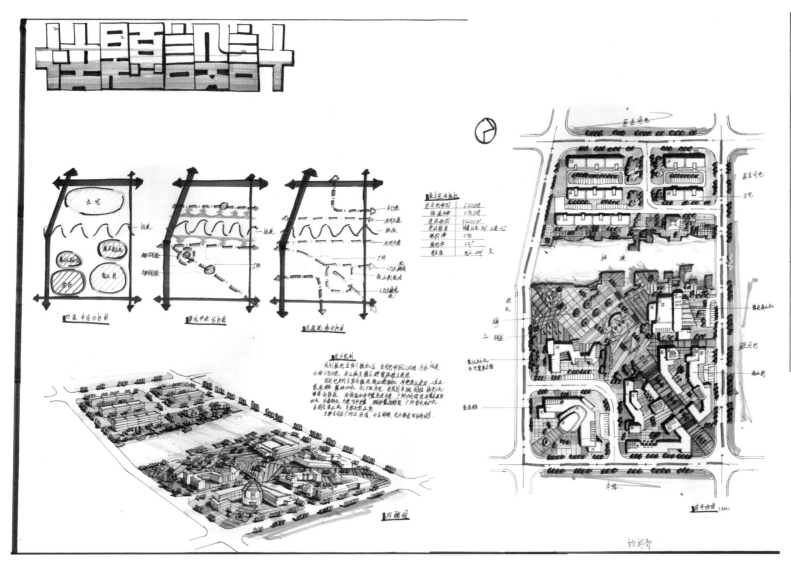

名称：001-160128-0060

优点：
图面完整、功能分区比较合理，景观营造比较丰富。

缺点：
（1）商业中心与商业街缺少联系，商业街组织比较混乱。
（2）文化活动中心体量偏小。
（3）滨水景观设计做得过多。

建议：
对尺度把握这一块略显薄弱，平时可以有针对性地进行一些建筑尺度以及空间尺度的训练。

名称: 001-170206-0023

优点:
(1) 整体图面效果比较好,功能分区合理、结构清晰。
(2) 轴线通畅,中心比较明确。
(3) 对建筑尺度的把握比较准确,可识别度高,形式也比较丰富。
(4) 不同的功能区块之间联系比较紧密。

缺点:
地震纪念馆尺度偏小。

建议:
能够较为熟练且准确的运用所学知识来解题,可以多阅读一些建筑学的书籍,增强对建筑空间的理解。

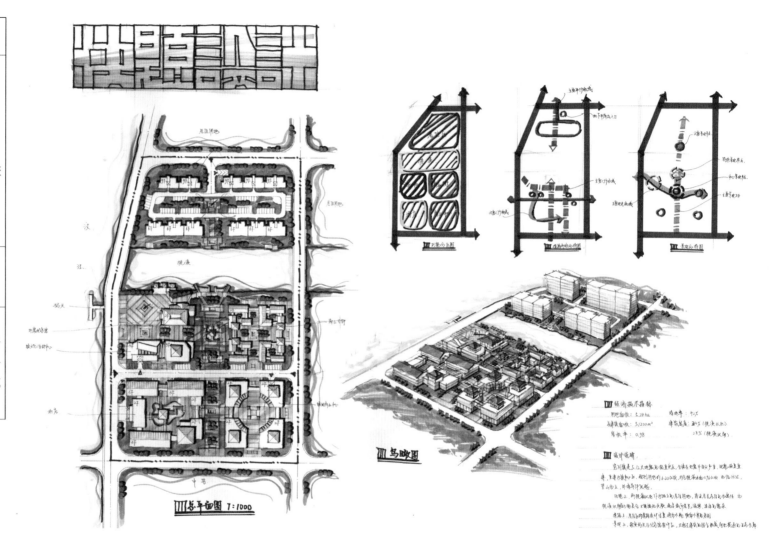

7.6 华南理工站前广场规划设计

1. 项目用地概述

　　火车站地区是城市最重要的门户地区之一，最能反映城市的地域特征、文化特征和发展情况，因此成为提升城市整体形象和地位，塑造良好城市空间的典范。

　　（1）功能发展。

　　火车站是地区发展的"引擎"，铁路为客运站地区带来大量的人流、物流、资金流和信息流，这些又通过高效便捷的交通组织疏散至各地，源源不断。

　　（2）交通组织。

　　火车站地区交通种类复杂，交通流量大，不同种类的交通应相互分离，过境交通应在城市外围解决，避免穿越站前核心区。在人流组织方面，应本着以人为本、公交优先、换乘方便、空间舒适的原则，以确保步行街区的连续性、城市气氛的连续性、舒适空间的连续性。

　　（3）形象塑造。

　　火车站地区是城市的门户，也是城市对外展示自身形象的窗口，在规划设计过程中，应强化"门户"的概念，结合现状和周边环境，塑造良好的城市窗口形象。

2. 规划设计内容

　　（1）山区小城市——明确定位，其规模、功能、形象与城市相匹配。

　　（2）10 m 高架站台——路网的组织、形象的塑造。

　　（3）站前广场、城市绿地——打造连续、宜人的步行环境，塑造形象。

　　（4）去往市中心的城市道路——公交、出租车、长途汽车站等站场的组织，方便换乘。

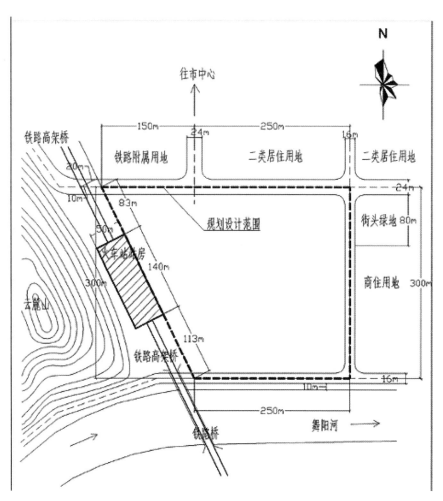

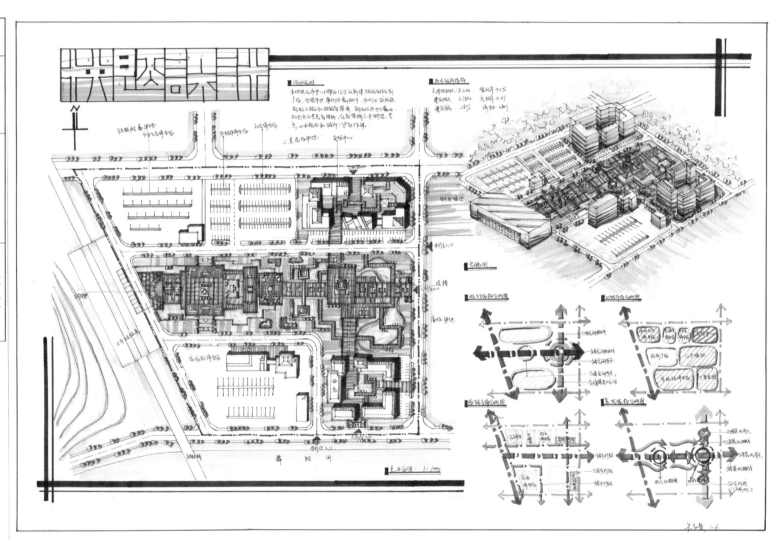

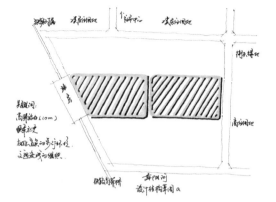

设计结构草图a

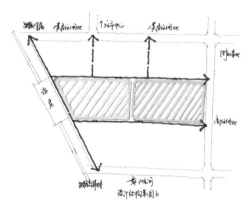

设计结构草图b

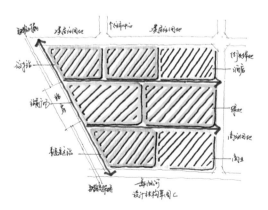

设计结构草图c

快题设计

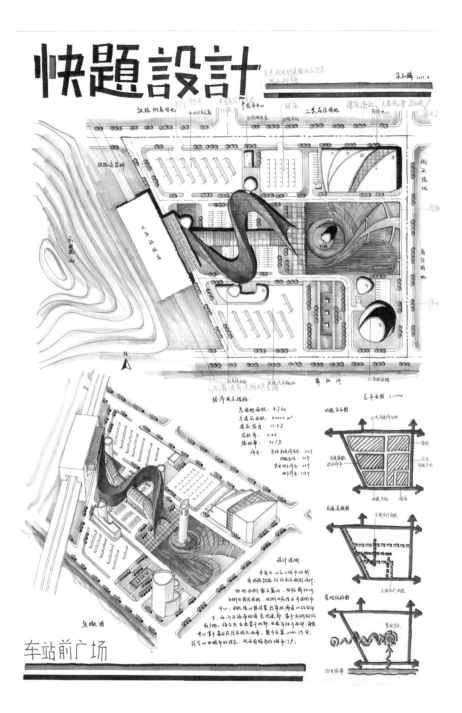

车站前广场

总平面图 1:1000

功能分区图

交通流线图

景观结构图

名称：001-170206-0023

优点：

整体结构清晰，功能分区明确合理，图面整体效果也比较好。

缺点：

（1）设计将广场和绿地结合布置形成一条大的轴带，但被内部主要车行道打断了，连续性不够（对10 m高架站台考虑不周）。

（2）酒店与步行道的联系不够，酒店前庭院空间，没必要布置大量地面停车场，应以地下停车为主。

（3）商业街布局散乱，整体体量偏小。

建议：

后续练习过程中，应加强对题眼的解读，同时应加强不同空间形态的营造能力。

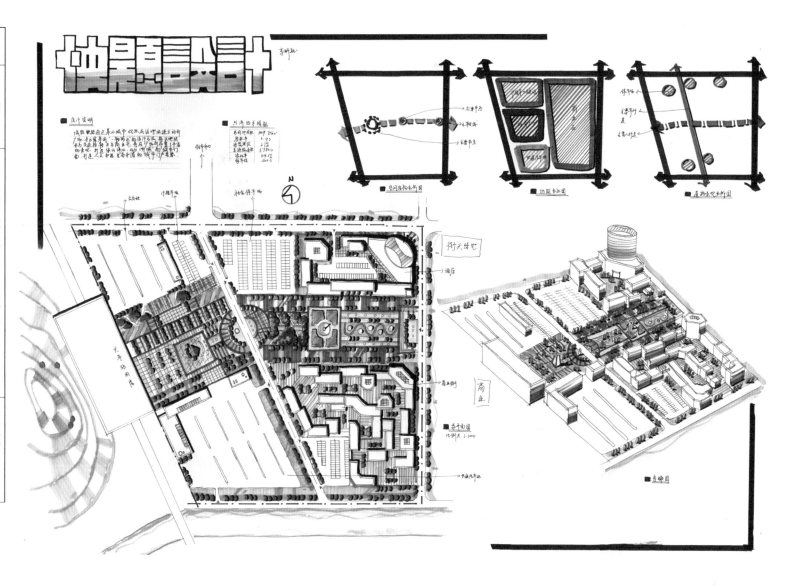

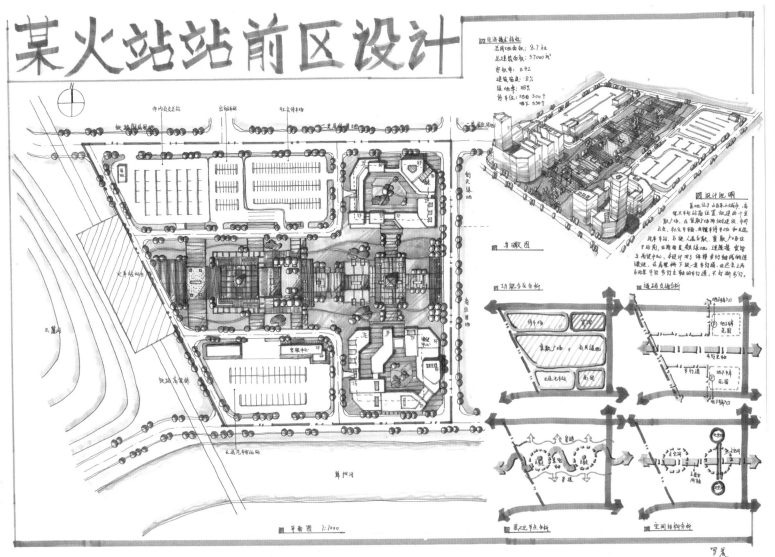

某火站站前区设计

经济技术指标：
总用地面积：8.7 ha
总建筑面积：37000㎡
容积率：0.42
建筑密度：8%
绿地率：48%
停车位：地面 300个
        地下 350个

鸟瞰图

设计说明
基地位于山区小城市，临火车站站前位置规划建设的一个集散广场，在集散广场用地规划建设有公共交通、私人车辆、出租车等停靠设施。方便人流集散，集散广场位于站前位置，应用布置最多绿地。连通道、密路连接，采用折形和弓形曲线的连续道建，及廊架布下及，该设计场地多轴线的勾连，只有断局部划分。

功能分区分析

道路交通分析

景观节点分析

空间结构分析

平面图 1:1000

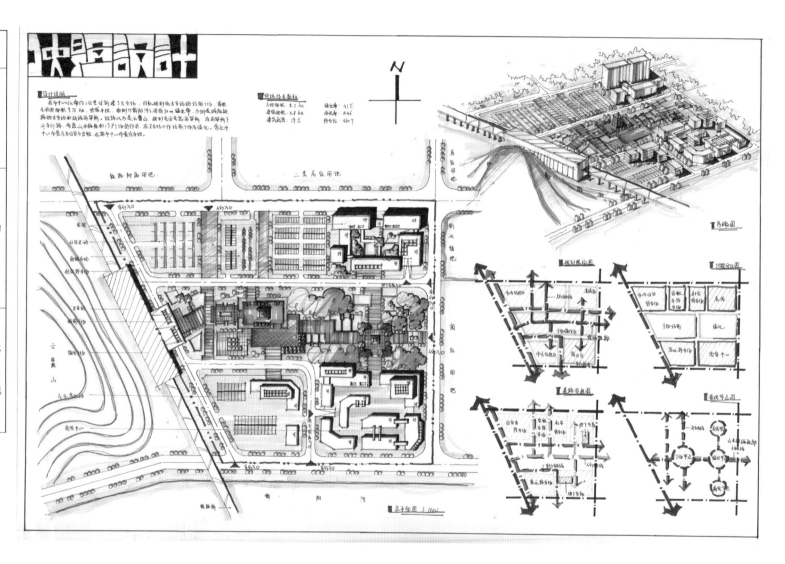

名称：001-170206-0023

优点：
（1）结构清晰、功能分区合理。
（2）人车分流、交通组织比较到位。

缺点：
（1）站前广场的主要功能为交通集散功能，应以硬质铺装为主。
（2）没有必要设置北面步行出入口。

建议：
将所学知识理解消化，可以多阅读一些建筑学的书籍，增强对建筑空间的理解，同时场地设计也需要进一步强化。

7.7 华南某城市改造项目

1. 项目用地概括

（1）基地：南方特大城市，原为沿江工业城市，未来是城市中央商务区边缘。

（2）基地东边为河涌，河涌以东为高层住宅小区（FAR2.5），南边为主干道沿江路，西边为工业遗址公园、待改造城中村（现状FAR3.5），北边是待更新的工厂。

（3）基地内现有建筑均为单层厂房，其中西北角的一栋为要保护的历史建筑（长60m，宽18m），钢筋混凝土结构，南北向双坡屋顶，无天窗。

（4）设计前置条件：除了要保护的历史建筑外，现状房屋可自行制定处置策略，上位规划已确定设计范围线，北侧有20m宽的市政道路，并应顺接至河涌以东的规划路，设计范围线东侧有15m宽的市政道路，两条市政道路走向可自定。

2. 规划设计要求

规划设计要求如下。

（1）总平面图（1：1000）。

（2）整体鸟瞰图。

（3）土地利用规划图（1：1000），可以功能混合，用地至少为中类。

（4）其他可选分析图：道路交通分析图、典型道路横断面、基地分析图。

（5）1000字左右的城市设计说明。

（6）基地发展定位、用地功能策划及布局。

（7）房屋保护、整治、拆建、新建策略。

（8）开发强度论证。

（9）其他必要说明。

项目		数值	单位
总面积			hm²
居住人口			千人
就业人口			千人
总建筑面积			万平方米
其中	居住		万平方米
	商业		万平方米
	办公		万平方米
	社区卫生院建筑		万平方米
	垃圾中转站建筑		万平方米
	其他		万平方米
容积率			/
建筑密度			%
绿地面积			万平方米
总停车位			个
地下停车位			个

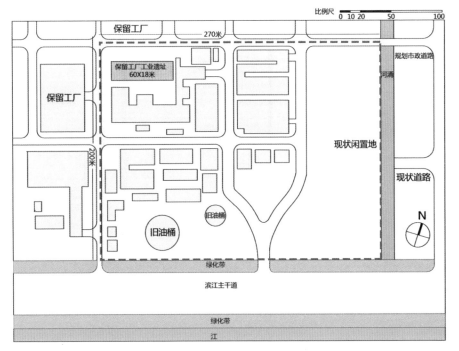

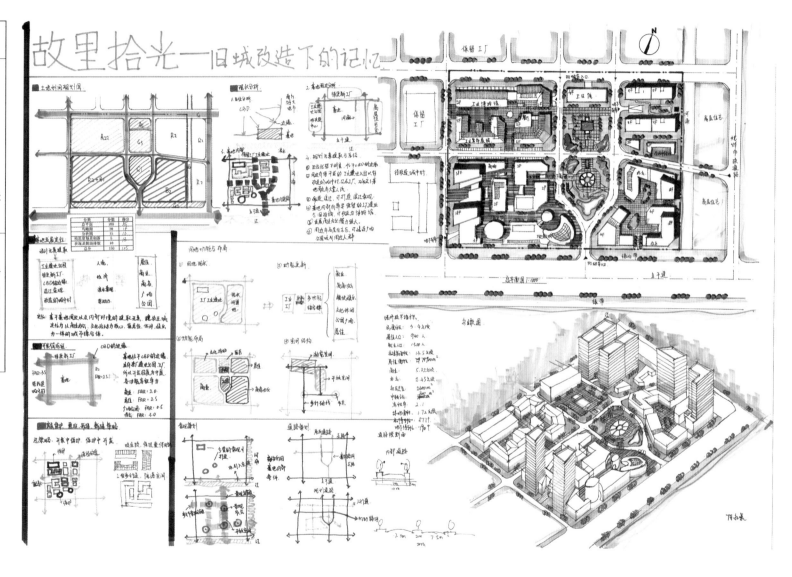

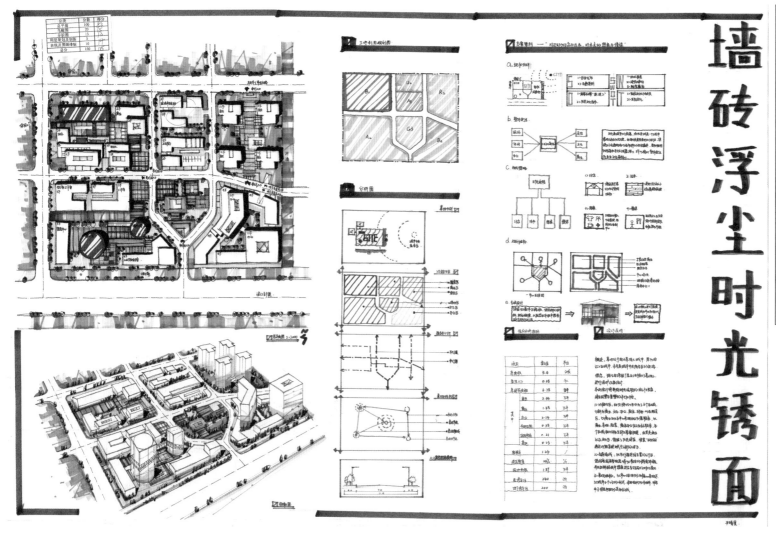

墙砖浮尘时光锈面

名称：001-160128-0060

优点：
（1）图面完整、排版较好。
（2）推演策划思路清晰、深度合适。
（3）功能分区合理，对保留建筑物及构筑物处理得当。
（4）注意垃圾中转站的位置选择。

建议：
硬质铺装的处理应更加统一协调；部分小场地设计还应进一步加强。

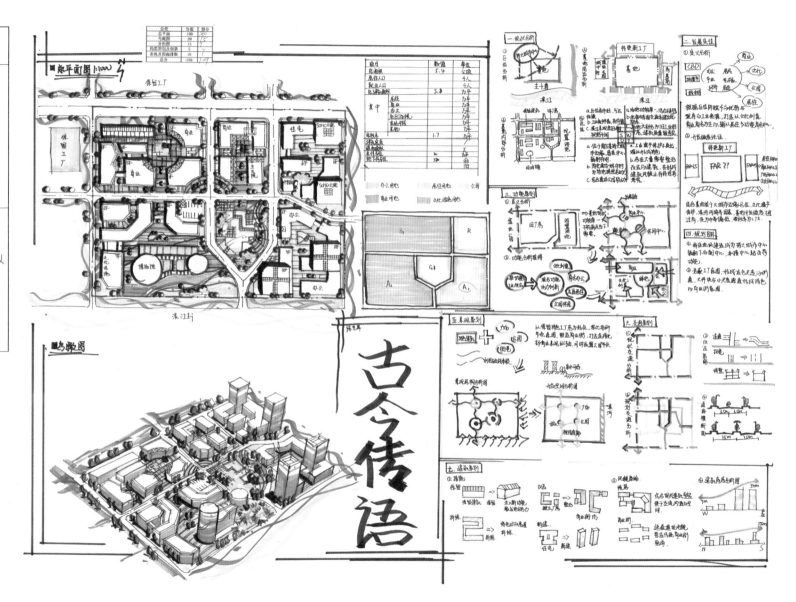

名称：001-170206-0023

优点：
（1）图面完整、推演策划表达到位。
（2）功能分区比较合理。
（3）建筑尺度把握较好，景观丰富。

建议：
往后练习过程中应注重知识以及快题素材的积累；硬质铺装、建筑装饰可以处理得更灵活、简洁一些。

古今传语

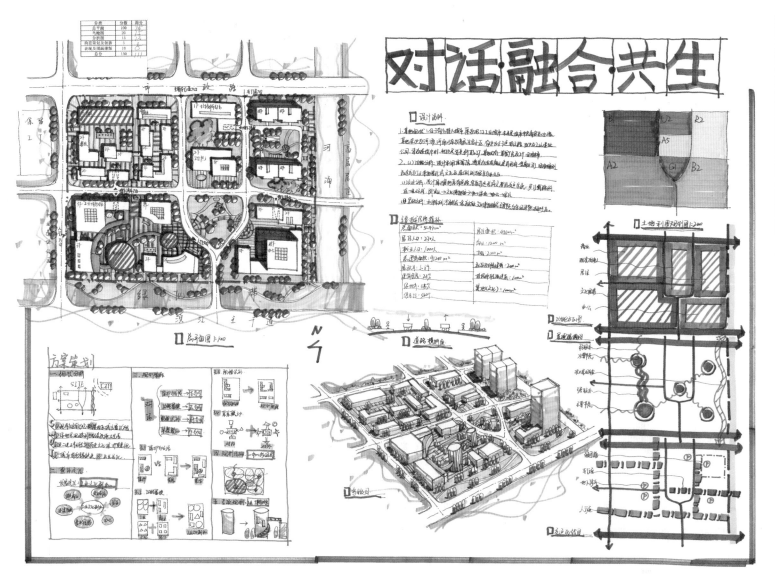

対话·融合·共生

名称：001-160128-0060

优点：
（1）功能分区较为合理，结构清晰。
（2）道路系统完善。
（3）商业街街道空间有待改进。
（4）注意垃圾中转站的位置选择。

建议：
加强知识积累；场地设计也还需进一步强化。

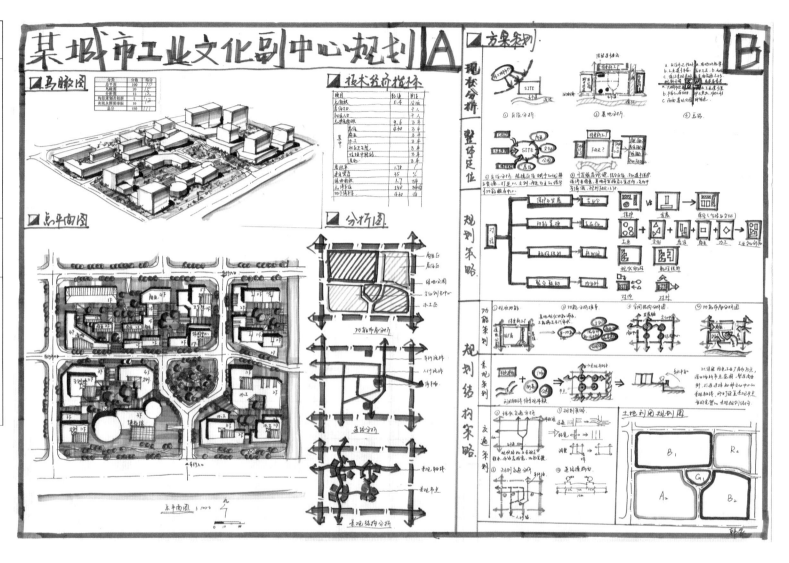

名称：001-170206-0027

优点：
（1）推演策划思路清晰，内容表达完整。
（2）功能分区比较合理。
（3）调整原有道路系统有待斟酌。

缺点：
缺少垃圾中转站。

建议：
进一步强化专业知识（要清楚什么时候可以调整道路，如何调整）；加强建筑空间的自明性，硬质铺装与绿地的组合要处理得更恰当一些。

工业文化园设计

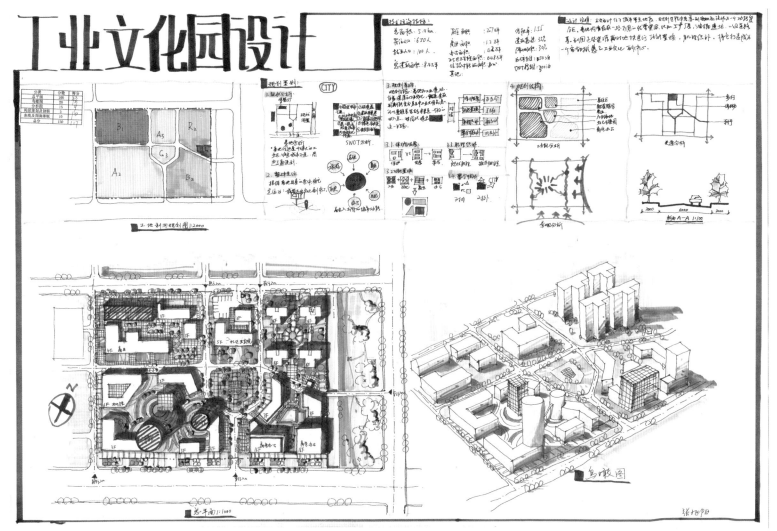

名称：001-160128-0030

优点：
（1）推演策划思路清晰，内容表达完整。
（2）功能分区比较合理，对保留建筑物构筑物处理得当。
（3）保留了部分现状肌理，新旧肌理比较协调。

建议：
加强场地设计，进一步明确建筑、道路、绿地、停车之间的关系；硬质铺装的处理应进一步加强。

东南大学

2015 年硕士研究生入学考试初试试题（A 卷）

科目代码：505　　　　　　　　　　　　　　　　满分：150 分
科目名称：规划设计基础（快题，6 小时）

注意：1 认真阅读答题纸上的注意事项；2 所有答案必须写在答题纸上，写在试卷纸或草稿纸上均无
　　　效；3 本试题纸须随答题纸一起装入试题袋中交回！

南京城南老城更新中的创意街区规划

一、　概况

城南老城是南京历史传统特色风貌区。随着老城传统住区的环境改造，一些闲置老工厂的改造开始纳入南京城市文化创意产业发展计划，位于门东地区的南京棉毛纺织厂成为这一发展计划的先行区。纺织厂北距"夫子庙"200 米，东离"白鹭洲"200 米，南至南京"老门东"700 米，北临内秦淮河（宽 20 米），厂区南、西两以地区街道为界，基地东侧道路是城南地区生活性干道（宽 24 米），南侧与西侧街道为老城传统街巷，规划拓宽到 14 米，是门东地区居民生活与通勤的主街，城市公交车站位于厂区的东北角，厂区内有幢民国年间建造的纺织车间，为城南传统工业建筑的代表，需保留。政府意向将厂区打造成文化创意产业发展基地、金陵艺术家工作坊群、城市文化休闲旅游目的地，成为老城南重要的公共文化活动聚集场所。

二、　方案征集

选择纺织厂地块作为创意园区发展的先行区，地方政府寄希望于厂区的开发，将南侧"老门东"，北面"夫子庙"与东部"白鹭洲"公园等文化、旅游休闲资源整合起来，引领老城新一轮产业与旅游发展。征集方案规划面积 7.0 公顷（详见附图，比例 1:2000），容积率为 1.0，建筑密度为 35%，绿地率为 25%，沿河控制 13 米绿带，具体要求如下：

1. 规划区作为城市产业与休闲功能拓展区，创意文化产业发展是主要动因，保护与新建建筑应与周边传统个风貌协调，同时要有风格创新，体现时代特色，满足青年人时尚休闲与创新体验需求；

2. 规划总建筑面积不得超过 70000 平方米（包括 2950 平米昂米的保留厂房面积）。其中，艺术家独立工作坊（200-300 平方米/幢），避免外部干扰，不少于 30 个；独栋办公楼（1000-1500 平方米，即一个公司一栋建筑，独立门禁管理）10 个；综合办公楼 20000 平方米；街区多功能活动中心 4000 平方米，内设展示、表演与学术交流设施、游客服务中心等；商业、餐饮、文化休闲设施 15000 平方米；

3. 规划地区西、南、北侧新建建筑需退后边界 13 米；东侧需退后边界 20 米。区内设置不小于 4000 平方米的公共活动广场；需设置东西向通道，满足西侧居民步行。公交与非机动车出行需求：退线可依据方案调整，功能上应满足居民生活出行需求，并兼顾街区内环环境要求；

4. 地区发展应在城市主要道路视廊上形成特色鲜明的建筑街区群落形象，在环境与景观上能代表城南地区穿衣文化产业发展水平。

三、　规划任务

考生应根据征集方案要求完场三项规划任务。

第一：规划策划（建议时间 30 分钟）

提出规划设计目标，明确保留工业厂房建筑用途与区域内通道走向及功能，并说明理由；按上述意图，画出发展概念性结构示意方案。

第二：空间规划（建议时间 5 小时）

依据策划的发展概念结构意向完成更新地区总平面布局规划，将各种新增建筑安置在规划平面中，并选择局部环境或建筑组团的效果示意图，表达地区的环境品质提升的意向。方案应注重从建筑功能组团，街区空间活动系统与环境景观方面展示特色，标明方案规划技术指标（容积率、建筑密度、总建筑面积、绿化率、停车数）与方案特色。

第三：系统规则（建议时间 30 分钟）

针对完成方案特点与长处，选择交通路线网与环境景观系统（二选一）进行规划分析，画出结构系统规划图，并表达出系统规划的特色与合理性。系统规划应界定系统的结构要素组成，然后用图示方式来表达结构系统性特点。建议交通网系统按地区路网等级，各种流线组织与停车分布（办公、商业休闲建筑均按 1 车位/100 平方米配置）来分析，标明街区与主要建筑出入口；环境景观系统按景观与开放空间场所的类型要素解析，如标志、节点、建筑组群、视廊、街巷、广场、小品或绿化等，明确标志性景点、环境与建筑，分析区内公共活动流线与环境景观之间的关系。

四、　规划成果

按规划任务要求，将规划图面明确分为三个相对独立的区域，分别完成对应的三项任务，具体成果要求如下：

规划策划成果（15 分）

1. 明确规划发展目标（或构思）；明确保留建筑用途和区内通道走向；
2. 画出地区发展的结构意向规划图，示意街区功能发展分区和结构；

空间规划成果：（120 分）

3. 规划总平面 1:1000（平面需标明建筑类型、层数、人行道与车行道、小型广场与区内绿化环境；地形图自行放大）
4. 规划空间环境发展意向效果图：可选择一个建筑组群或开放空间环境，建议采用形体示意，比例自定
5. 规划方案特色与主要经济技术指标（容积率、建筑密度、总建筑面积、绿地率、停车数）

系统规划成果（15 分）

6. 道路交通系统或环境景观系统规划图（二选一，比例自定）；
7. 明确系统组成的要素分类与系统方案特色（文字+图示）；
8. 明确系统规划的主要特色与规划措施。（另附：1:2000 规划地形图，规划涉及地区简介）

规划方案涉及三个地区简介

第一：夫子庙景区
夫子庙，位于规划区北侧 200 米处，AAAAA
级景区，是一组规模宏大的古建筑群，历经沧
桑，几番兴废，是供奉和祭祀孔子的地方，中
国四大文庙之一，被誉为秦淮名胜而成为古都
南京的特色景观区，也是吠声中外的旅游胜
地，是中国最大的传统古街市，夫子庙不仅是
明清时期南京的文教中心，同时也是居东南各
省之冠的文教建筑群。

第二：白鹭洲公园
白鹭洲，位于规划区东侧 200 米，处在南京
城东南隅，是南京城南地区最大的市民公
园，夫子庙 AAAAA 级景区的重要组成部
分。该园在明朝永乐年间是开国元勋中山王
徐达家族的别墅，故称为徐太傅园或徐中山
园。天顺年间，在园内建有鹭峰寺，烟火鼎
盛一时。至正德年间，徐达后裔徐天赐将该
园扩建成当时南京"最大而雄爽"的园林，
取名为东园。该园成为园主与王世贞、吴承
恩等许多著名文人诗酒欢会的雅集之所。明
武宗南巡时，曾慕名到该园赏景钓鱼。

第三：南京老门东
老门东，位于规划区南侧 700 米处，老门
东是南京老城南地区的古地名，位于南京
夫子庙箍桶巷南侧一带。历史上的老城南
是南京商业及居住最发达的地区之一，如
今按照传统样式复建传统中式木质建筑、
马头墙，集中展示传统文化，再现老城南
原貌。目前，一座仿古牌坊在门东地区北
界亮相，坊额上写着"老门东"3 个字。这
标志着集中体现南京老城南民居街巷、市
井传统风貌的老门东，现为城南传统文化
商业街区，南京城市观光旅游的目的地之
一。

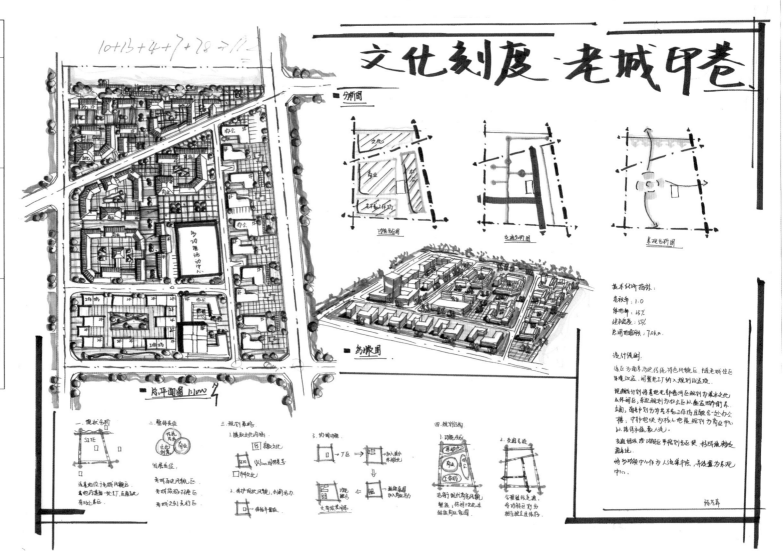

名称：001-170207-0003

优点：
功能分区基本合理，但多功能活动中心自成一区，缺少与文化功能的联系。

缺点：
（1）滨水休闲文化与商业建筑区分度不够。
（2）绿地率偏低。
（3）注意停车场的布置及画法。

建议：
建筑空间、硬质铺装的处理应进一步加强；平时可以加强策划及理念知识的累积，形成自己的知识体系。

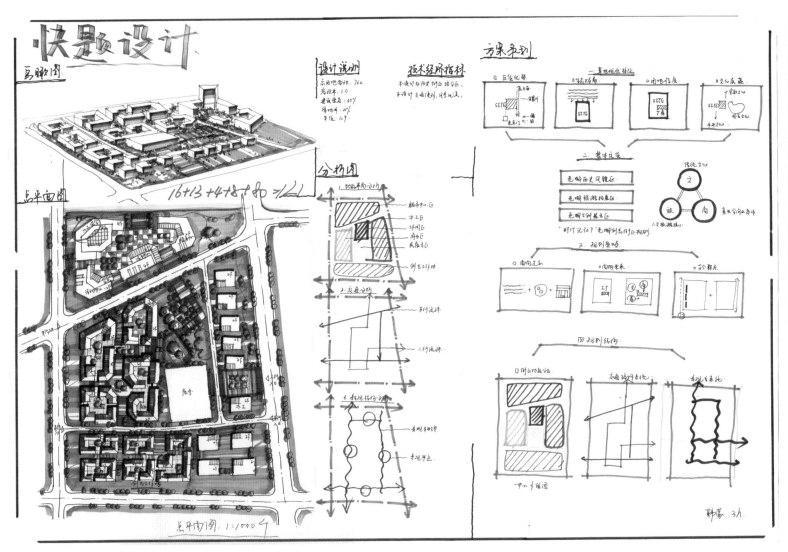

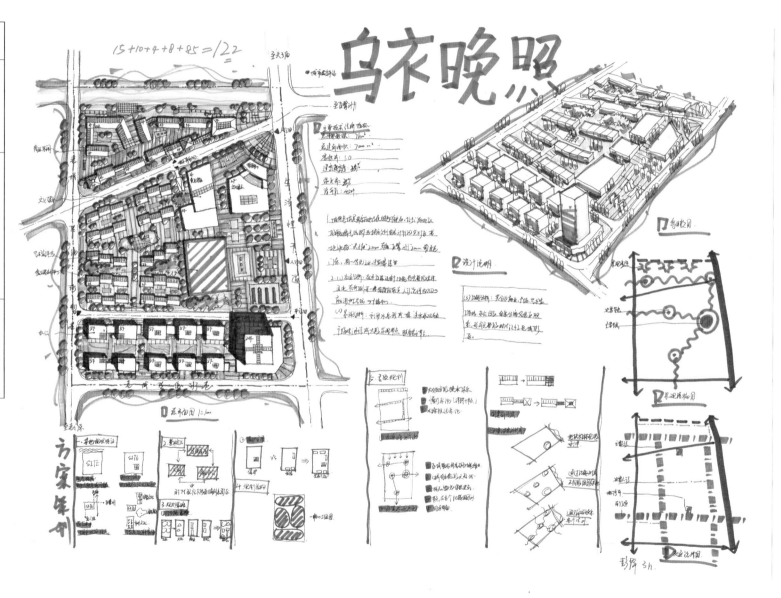

名称：001-170207-0013

优点：
（1）图面效果较好，整体感强。
（2）功能分区比较合理。

缺点：
（1）交通组织存在一定问题，
建议文化和艺术家工作坊间加
一条南北向车行道。
（2）建筑尺度把握比较准确，
布置疏密有致。

建议：
进一步加强专业知识及推演策
划知识的累积；鸟瞰图也还需
进一步强化。

乌衣晚照

时代记忆街区

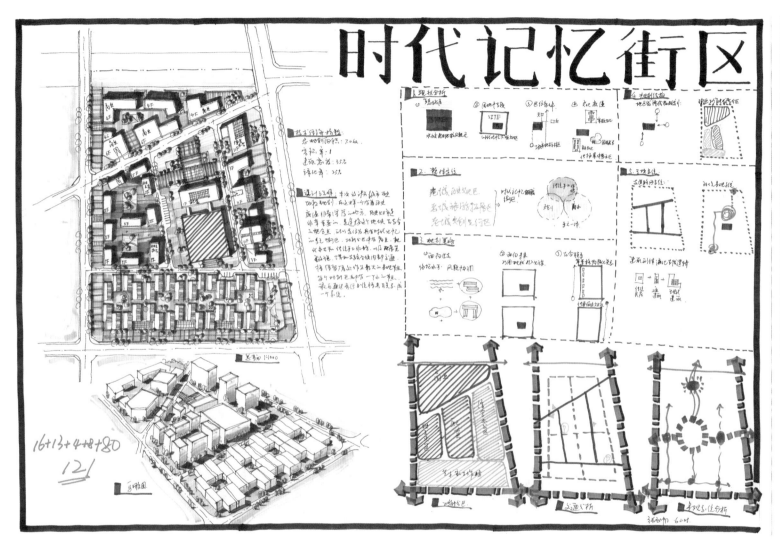

名称：001-160128-0061

优点：

（1）功能分区比较合理，结构清晰稳定。

（2）交通组织到位，能满足基地交通需求。

（3）建筑布局顺应用地条件，疏密有致，但部分建筑体量偏小。

建议：

一方面加强专业知识的学习，另一方面可以多看一些与建筑相关的书籍，加深对建筑及空间的理解，如建筑空间组合论。

名称：001-170207-0043

优点：
（1）功能分区比较合理、轴线突出。
（2）各个分区联系紧密，且建立了文化到滨水商业的视线通廊。

缺点：
该图结构存在一定问题。

建议：
场地设计还需进一步强化，建议研究一下建筑学场地设计；规划空间结构也还需要进一步理解、揣摩。

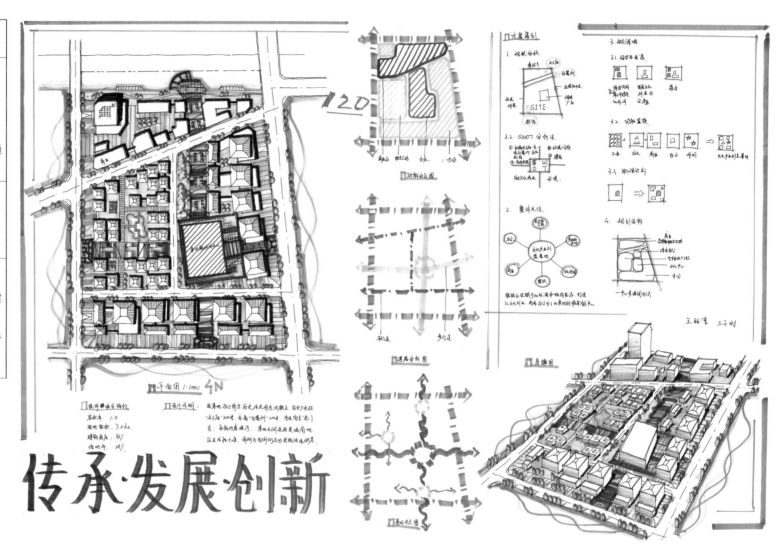

传承·发展·创新

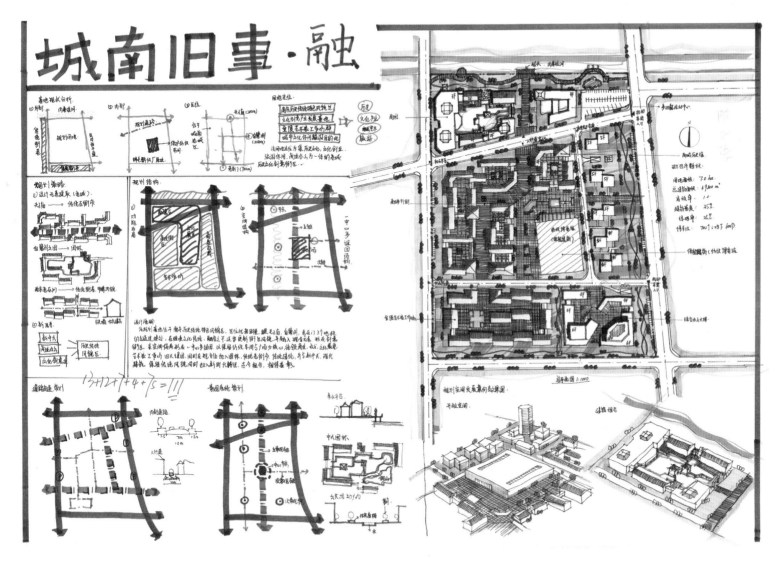

城南旧事·融

名称：001-160128-0064

优点：
图面完整，推演策划比较到位。

缺点：
（1）分区存在一定问题，文化区跨越城市道路不妥。
（2）滨水空间用作大型停车场不可取。
（3）部分铺装处理不到位。

建议：
硬质铺装的处理可以更协调、统一；建筑与场地的关系以及建筑形态应进一步加强。

规划空间发展意向效果图

总平面图 1:1000

7.8 南方某市古寺庙广场地段详细规划设计

1. 项目用地概述

古寺庙广场地段位于建设路（宽 30 m，两侧人行道各宽 3 m）与东风路（宽 22 m，两侧人行道各宽 3 m) 交会的东南角，周边分布了零售商铺和企事业单位。规划用地范围内地势平坦，总用地面积 7.92 hm^2，净用地面积 7.16 hm^2，规划用地地形见附图。

2. 项目设计内容

根据古寺庙广场地段建设发展定位，拟定功能结构、平面布局、建设风格、景观设计，进行各功能项目安排，拟建的各项目建筑要求独立布置，其建筑面积规模自行确定。

（1）提炼和发掘文化要素，塑造建筑、街道空间和环境特色，表达尺度控制。通过界面处理等方面的控制和引导，复兴旧城，营造场所记忆。

（2）提出公共空间的系统组织、形态设计，构建景观和休闲游憩系统，要求自然景观与人文景观有机结合。

（3）理顺周边和基地内部的动态交通、静态交通，构建完善、高效的微循环系统。

3. 规划设计要求

（1）建筑后退道路红线：建设路退让 10 m，东风路退让 8 m。

（2）古寺庙禁建范围：9 m。

（3）建筑高度：< 50 m。

（4）容积率 < 1.0（地下层不计容积率）。

（5）建筑密度：23%~28%。

（6）绿地率：> 35%。

（7）停车场：地面停车与地下停车结合。

（8）符合相关的技术标准和技术规范，符合文物保护单位保护的规定、法规要求。

4. 规划设计成果

（1）根据规划条件，拟定项目建设计划，包括建设项目名称、建筑面积、建筑基底面积等，制定容积率并说明理由。

（2）规划设计总平面图比例为 1 ：1000。

完成各类建筑布局，要求建筑形体反映内部功能、表达各功能建筑性质、层数及道路、广场、绿化环境设计，作出总体布置图。

（3）绘制总体鸟瞰图，表现你的设计特点，表现手法不限。

（4）设计说明及规划用地平衡表，技术经济指标。

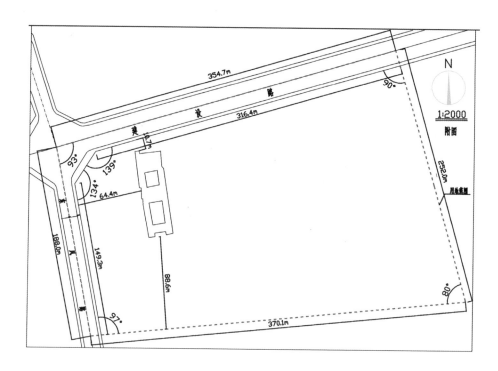

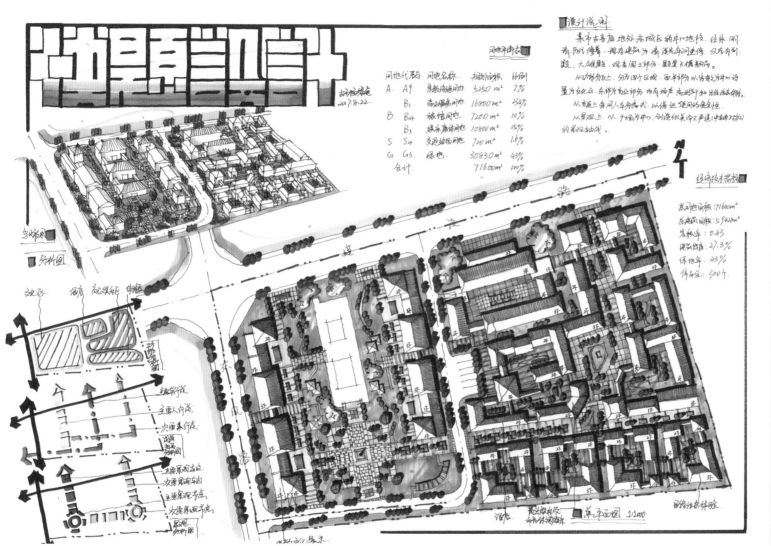

名称: 001-160128-0065

优点:
(1) 图面完整, 整体感比较好, 分区也比较合理。
(2) 西边佛教文化展示区及古寺庙整体采用中轴对称的布局模式, 对古寺庙采取了绿带隔离的保护措施。
(3) 建筑体量把握比较准确, 对民俗活态体验与商业建筑做了区分。

缺点:
(1) 最大的一个问题就是步行出入口太多, 导致动线有点混乱。
(2) 古寺庙旁边的绿带里面尽量不要布置吸引人流的构筑物, 对古寺庙的保护不利。
(3) 大巴停车场的位置选择有问题, 应靠近出入口布置, 另外对地面停车位的考虑不周。
(4) 商业休闲街这一块 "街" 的感觉比较弱。

建议:
场地设计、商业街建筑空间的营造及尺度把握需要进一步加强。

名称：001-170206-0023

优点：

（1）图面丰富、完整，加入设计构思，题上古诗后更具格调。

（2）分区比较合理，结构也比较清晰。

（3）动线组织也比较有秩序，车流动线为半环，人流动线为四个内环，环环相扣。

缺点：

（1）分区过于明确，导致酒店和商业区、酒店和民俗体验之间缺乏联系。

（2）尺度问题，古寺庙的广场尺度偏大。

（3）没有考虑规划中要求的大巴停车位。

建议：

后续练习过程中，应加强对题眼的解读，同时应加强对不同空间形态的营造能力。

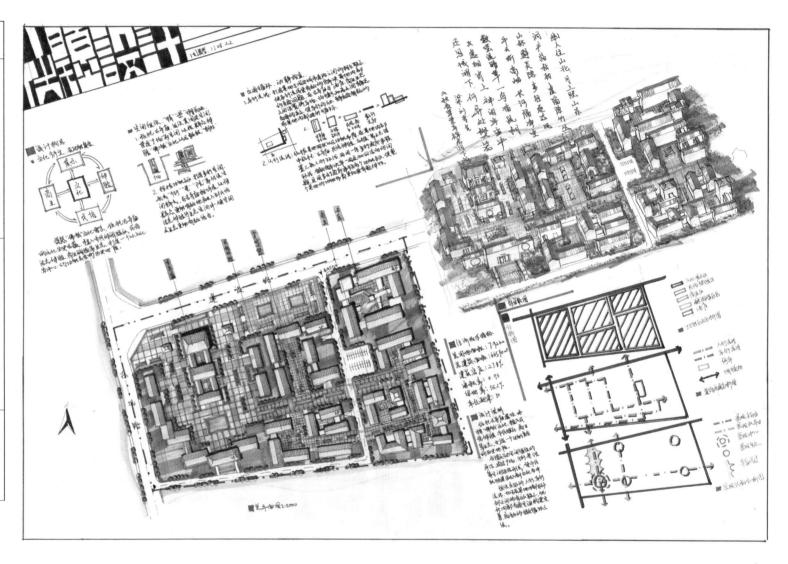

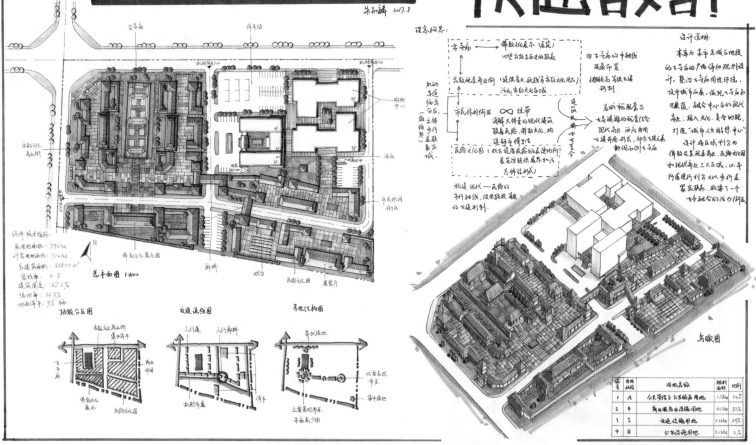

南方某市古寺广场地段详细规划

朱永磊 2017.8

快题設計

理念构思

古寺庙 → 佛教文化展示（展览）
以塑造为寺庙为题的氛围

宗教配套商业街（提供更大地段宗教文化服务）
强化宗教文化氛围

市民休闲街区 ∞ 绿带
清解大体量的现代建筑
联系民俗，带动文化，构
建市民休闲场所
以建筑院落形式，融合互通
为特征形式

民俗文化园（成为提供民俗标志性建筑物）
以花园休闲展示为
为特征形式

古寺庙
由古寺庙的中轴线
延展布置
使联系有层次更强
形制

老城格局复原
古寺旅游的前沿段位
现代商业、酒店商用
古建筑商形式，统合互通
的新建

构建现代—民俗的
和谐新轴线，使用联
的新建形制

设计说明

本某石 某市总城古地段
的古寺庙的广场详细规划设计。整合古寺庙周边环境，
挖掘城市形象，依托古寺庙而
塑建筑，融合中心点的现代
商业，植入文化，复合功能，
打造"城市人文精神中心"。
设计将这区域划分为
佛教区及宗教商业、民俗园
和现代商业三大区域，以车
行道的划分为以人步行连
紧凑集乐，构建一个
古今融合的活力街区。

功能分区图

宗教文化商业街
集中商业
古寺庙
商业商用
佛教文化展示
民俗文化园

交通流线图

人行道
人行廊桥
机动车道
停车

景观代构图

景观绿地
古寺庙广场
立意景观节点、休闲
寺庙商广场
集中绿地

经济技术指标

规划用地面积：7.92ha
计容用地面积：7.16ha
总建筑面积：35800 m²
容积率：0.5
建筑密度：27.2%
绿地率：36.5%
地面停车：95 辆

总平面图 1:1000

N

古寺庙
停车场
机动车出入口
综合中心
酒店
佛教文化展示图
廊桥
戏台
民俗文化园
展览厅

机动车通路高差
（敬佛体系）
宗教文化商业街
平民休闲街区

鸟瞰图

编号	用地性质	用地名称	规划面积	比例
1	A	公共宗教与公共服务用地	1.58ha	20.%
2	B	商业服务业混搭用地	4.12ha	52%
3	S	交通设施用地	2.06ha	26%
4	U	公用设施用地	0.16ha	2.%

名称：001-160128-0052

优点：
（1）整体内容比较充实，加入规划策略后，整个设计有了灵魂。
（2）功能分区比较明确，动线也比较清楚。
（3）建筑尺度把握准确，酒店采用现代建筑的形式，使现代建筑与古代建筑形成对比，建筑形式也比较符合整体风貌。

缺点：
（1）最大的问题是绿地率不达标，规划策略中的空间策略有点牵强。
（2）古寺庙周边的禁建范围内最好不要做成铺装。
（3）部分街道、庭院空间尺度偏大，如休闲娱乐区。
（4）大巴停车位设置不够合理。

建议：
加强对专业知识、推演策划的学习与积累，景观设计、场地设计也还需进一步强化。

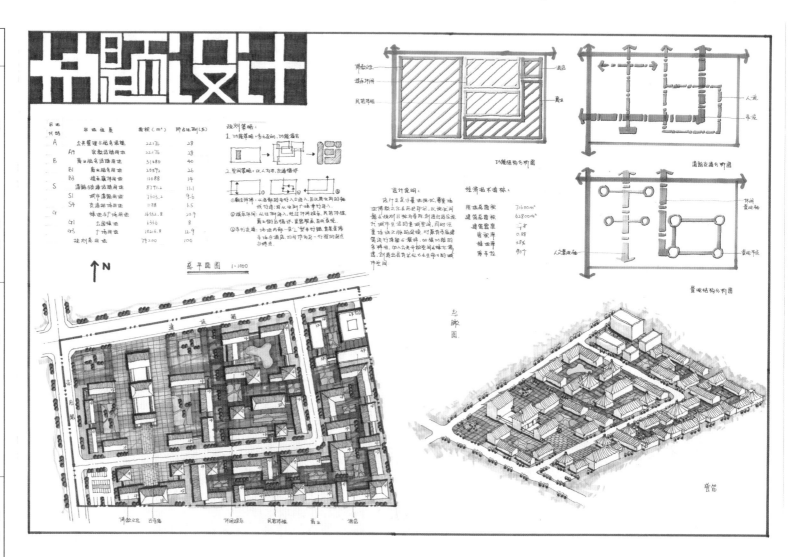

7.9 长江中游某省会城市附近村落详细规划设计

1. 项目用地概述

规划将长江中游某省会城市附近村落定位为"以高品质生活居住和商业服务为主要职能、以艺术创意和当地文化为主要特征、以民俗旅游为主要依托的旅游体验和生活休闲中心"。

2. 规划设计要求

（1）尊重民俗：充分尊重当地民风、民俗，尊重当地居民的生活方式。

（2）保护复兴：强调"保护式复兴"，精心保护村头的古银杏树，在保护的同时，考虑远景旅游，积极调整优化产业功能，规划设计创意工作街坊、体验式民宿等，提升村子内部活力。

（3）人性设计：规划着重历史底蕴和设计细节的人性化，在路网设计、交通组织、绿化景观设计等各方面都以"小而精"的适用性为指导，平衡现代生活需求和历史风貌保护的要求。

（4）需要注意的几个方面。

① 对陈氏宗祠、叶氏宗祠及风水池塘的考虑。风水池塘不能动，保持现状即可，不用架桥，不用铺滨水步行道，更不能填埋。

② 对古银杏树的考虑。古银杏树位于村头，具有保护价值，可以考虑结合村头广场形成一个主要节点，结合敬老院可以形成"古"与"老"的呼应，结合村部形成村级公共中心。

③ 结构稳定、动线清晰，尺度把握准确。

④ 体验式民俗设施和村民住宅在建筑形式上要有一定的区分。

⑤ 对北面旧村的考虑，可以考虑延续旧村的主要肌理。

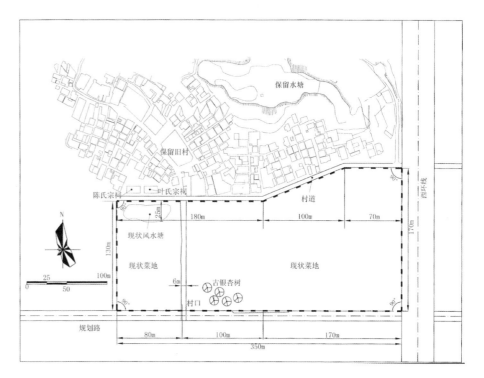

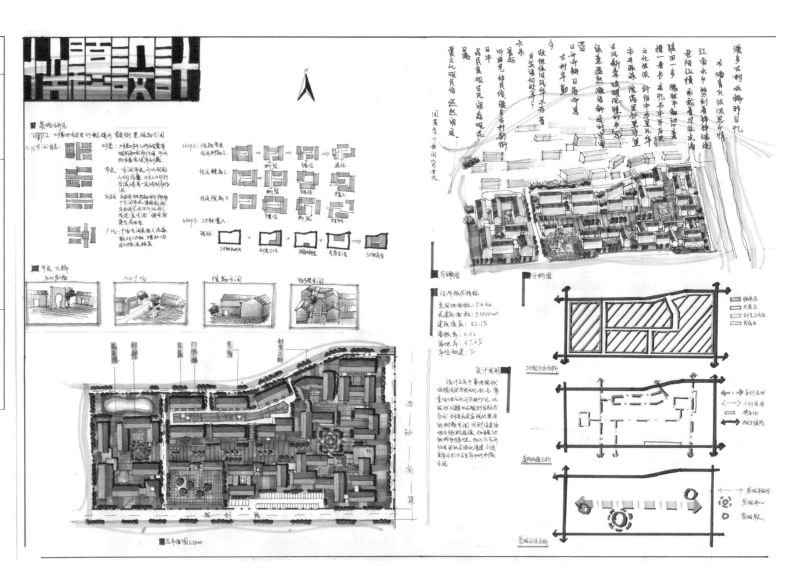

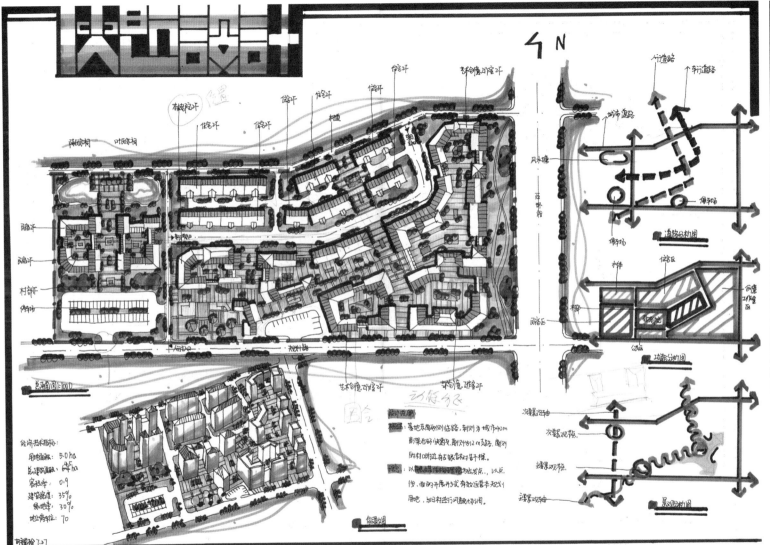

名称：001-160128-0067

优点：
结构清晰、动线清楚，各个功能分区之间联系比较紧密。

缺点：
（1）分区存在一定问题，对宗祠的考虑应从其特点出发，最好将村民住宅与宗祠结合。
（2）风水池塘的考虑，风水池塘不应做任何处理，保持现状就好。
（3）敬老院与村部结合得过于紧密，广场边上不应布置大面积的停车场。
（4）民宿和村民住宅在建筑形式可识别度不高。

建议：
进一步加强专业知识的学习与积累，建议多阅读与建筑学相关的书籍，加深对建筑组合及建筑空间的理解。

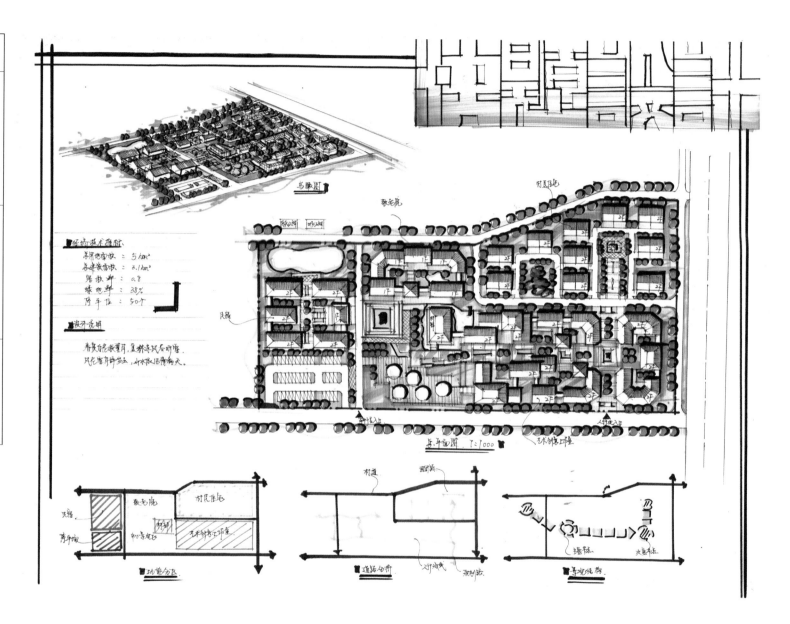

名称: 001-170206-0023

优点:

(1) 结构清晰、动线清楚、整体图面效果较好。

(2) 风水池塘保留其现状，没有做任何处理，这一点做得比较好。

缺点:

(1) 分区存在一定问题，对宗祠的考虑应从其特点出发，最好将村民住宅与宗祠结合。

(4) 创意工作街坊缺乏对地面停车场的考虑。

建议:

在后续练习过程中，应加强题目解读能力，能准确把握题眼，避开题目中的"陷阱"。

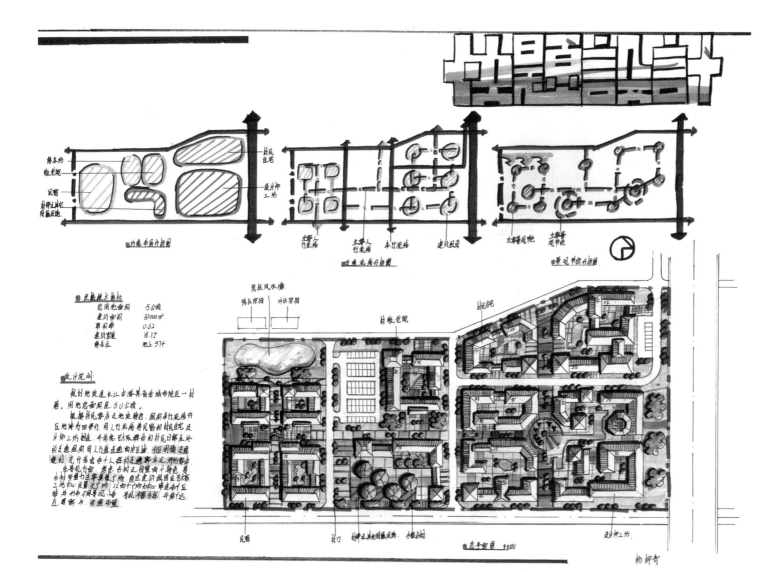

名称：001-160128-0160

优点：
（1）整体图面效果很不错，图面也比较完整。
（2）功能分区比较明确，用步行道将各个功能组团串在了一起，结构稳定，动线也比较清晰。
（3）建筑尺度把握比较准确，可识别度高。

缺点：
（1）对于陈氏宗祠和叶氏宗祠最好不要从旅游的角度来考虑。
（2）风水池塘保持其现状即可，不要做任何处理。
（3）敬老院的布置有点不妥，与创意工作街坊联系过于紧密。
（4）创意工作街坊的尺度偏大。

建议：
能够较为熟练且准确的运用所学知识来解题，建议进一步琢磨优秀案例，加深对设计的理解。

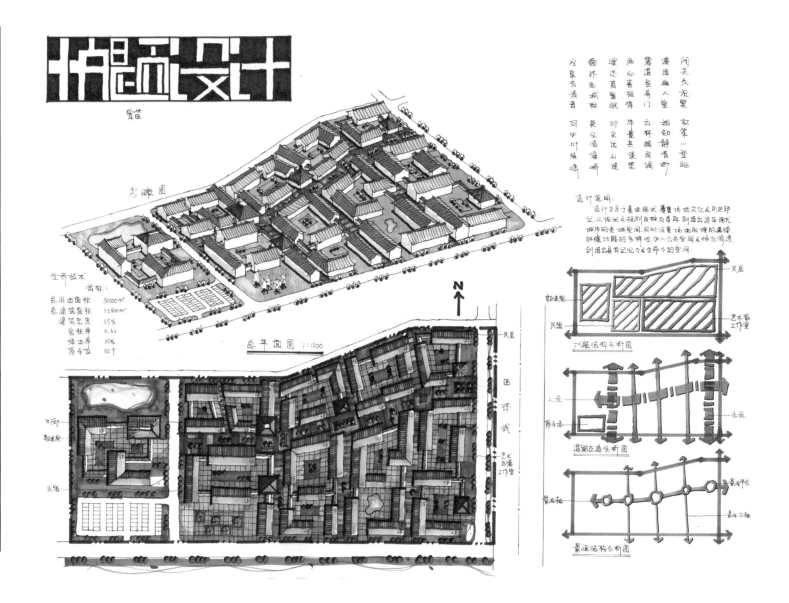

名称：001-160128-0052

优点：

这是一个很有想法的设计，设计充分考虑到北面旧村的肌理，南面建筑的布置、步行出入口的开设，都与北面旧村的肌理相协调，充分尊重历史文脉。

缺点：

（1）在快题考试中，考虑到现状肌理很棒，但也不要每个肌理都考虑，只需要选取其中一到两条主要肌理即可。

（2）对风水池塘、宗祠的考虑不周。

（3）村民住宅和民宿没有区分度，可识别性不高。

建议：

继续加强专业知识的学习，保持对设计的热情；在充分尊重现状的前提下，也应注重地区的发展，同时建筑空间的营造也还需进一步加强。

快题设计

鸟瞰图

总平面图 1:1000

设计说明：

功能结构分布图

道路交通分布图

景观结构分布图

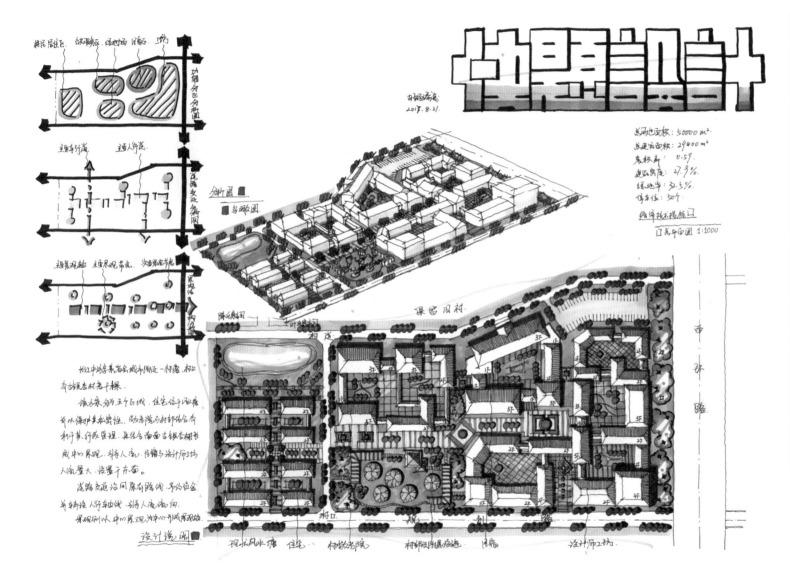

村民居住区 饮食服务区 绿地景观 民宿区 工坊

功能分区分析图

主车行道 主人行道

道路支线 次入口

主景观轴线 主要景观节点 次要景观节点

景观轴

名称：001-160128-0086

总用地面积：50000 m²
总建筑面积：29800 m²
容积率：0.59
建筑密度：27.9%
绿地率：34.5%
停车位：50个

经济技术指标□

总平面图 1:1000

鸟瞰图

分析图 鸟瞰图

民宿旧村

设计说明□

现状风水塘 住宅 村敬老院 村部及附属设施 宗祠 设计师工坊

西环路

村口

观创路

优点：
（1）整体图面效果比较好，图面比较完整，鸟瞰图的表现也比较好。
（2）功能分区明确且合理，充分考虑到宗祠、风水池塘等要素对布局的影响。
（3）动线比较清晰，步行环境比较友好，街道尺度适宜。

缺点：
（1）主广场硬质铺装偏少。
（2）创意工作街坊、村部、民宿形成的节点与建筑物缺少契合度。
（3）停车场的布置缺少对远景旅游的考虑。

建议：后续练习过程中，应加强读题能力，找准题眼。

7.10 华侨大学 2013 年硕士研究生入学考试

1. 基地概况

南方某城市利用城市原有工业地块进行城市开发，为文化创意产业提供办公场地、起步孵化、人才推荐、技术咨询、财税咨询、法律咨询、市场开发等全方位服务和保障。规划用地总面积 9.84 hm²，其中 A 地块 6.38 hm²，B 地块 3.46 hm²。

规划地块北面为大学校园，东侧为河流。其余相邻地块已建成商务、商业中心以及居住区；用地地势平坦；地形见附图。

地块 A 沿西侧城市道路拟规划建设一公交首末站（港湾式，停放 10 辆公交车，可根据规划设计方案定位）。基地内还必须保留并改造 4 栋产业建筑（单层桁架结构，见地形图所示）。

根据建设内容和规划要求，提出功能布局合理、结构清晰、形式活泼、环境友好的规划设计方案。

2. 拟建设主要项目内容

（1）城市文化广场：占地面积 10000 m²。

（2）设计研发用房。

建筑面积 40000 m²，分艺术设计、广告动漫、工程设计三大产业。

（3）展示、会议用房：建筑面积 15000 m²，提供一定规模的产品展示、交流、会议等附属设施。

（4）人才公寓：建筑面积 30000 m²，40~90 m²/套。

（5）配套设施。

建筑面积 20000 m²，包括连锁旅馆 6000 m²，餐饮、超市、文化活动、休闲健身、商业金融等服务设施。

（6）其他设施根据需求自定。

3. 规划设计要求

（1）地块综合控制指标。

① 容积率不低于 1.2，不高于 1.5。

② 建筑密度小于等于 30%，绿地率小于等于 35%。

③ 人才公寓应为 12~18 层之间，日照间距 1：1。建筑高度小于等于 50 m，建筑后退道路红线 5 m。

（2）停车位要求：地块内除人才公寓以外，设置停车位 400 个左右，地面停车不超过 100 个，其余为地下停车位。人才公寓应设自行车库和地下停车库（100 个停车位）。

（3）充分挖掘旧产业建筑价值，并辅以合适的功能加以改造利用。

4. 成果要求

（1）A1 图纸一张，表现手法不限。

（2）总平面图 1：1000。

（3）表达设计构思的分析图。

（4）总体鸟瞰或轴测图。

（5）设计说明及主要经济技术指标。

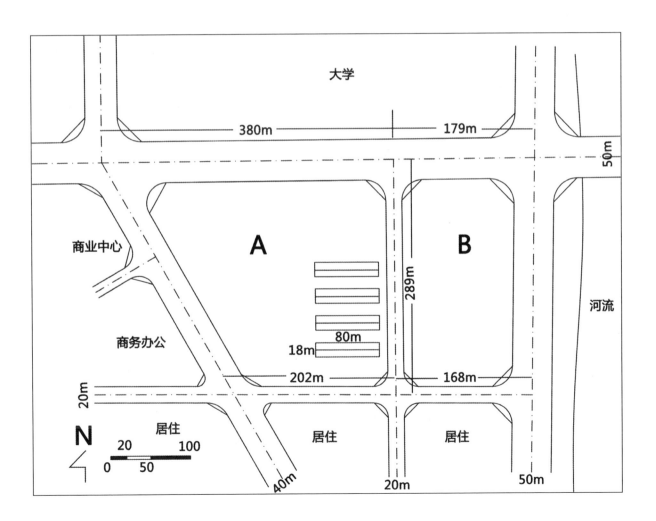

大学

380m — 179m

50m

商业中心

A

B

289m

河流

商务办公

80m

18m

202m — 168m

20m

N

居住

20   100

居住   居住

0   50

40m   20m   50m

优点：

（1）整体表达比较到位，图面效果较好。

（2）功能分区较为合理，商业配套及公寓的布置可进一步优化。

（3）对旧厂房功能的置换考虑比较到位。

缺点：

一些细节的处理还需注意，如铺装。

建议：

后续练习过程中应注重对规划空间结构的理解与琢磨，进一步完善空间结构；商业街道空间的自明性应进一步加强。

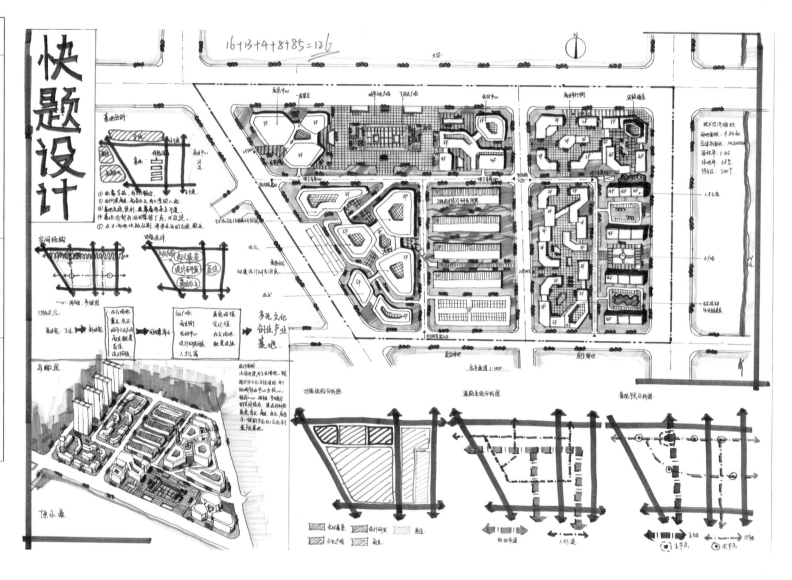

快题设计

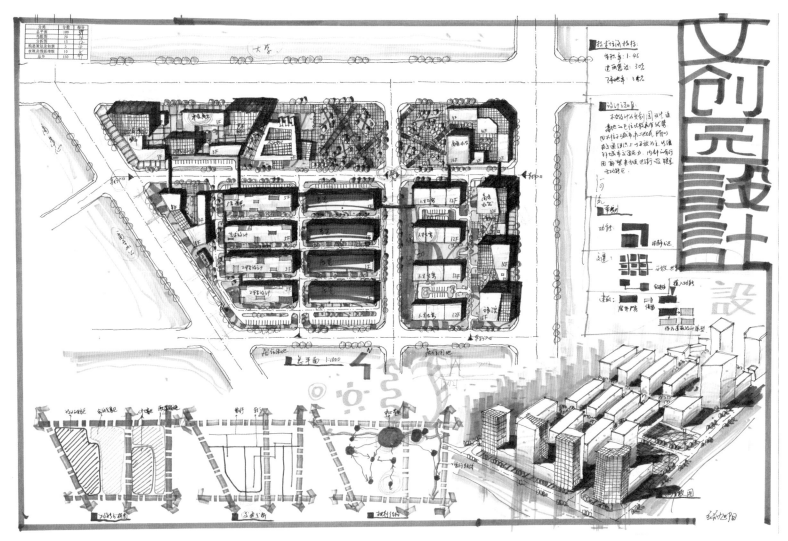

名称：001-170206-0047

优点：

（1）功能分区合理，结构均衡稳定，但B地块在结构上与A地块缺乏呼应。

（2）对旧厂房功能置换到位。

（3）建筑尺度把握较好，设计研发空间比较丰富。

建议：

后续练习过程中应注重对规划空间结构的理解与琢磨，进一步完善空间结构；加强场地设计，进一步明确建筑、道路、景观等要素之间的关系。

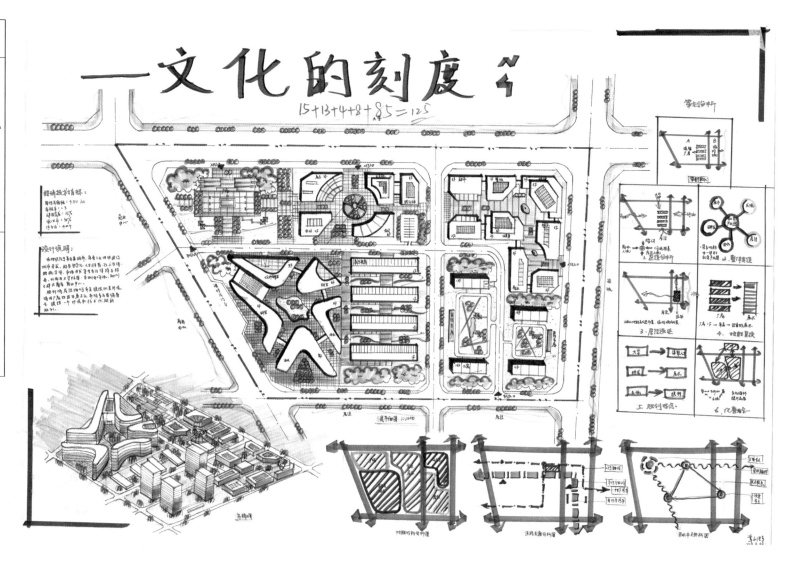

一文化的刻度～

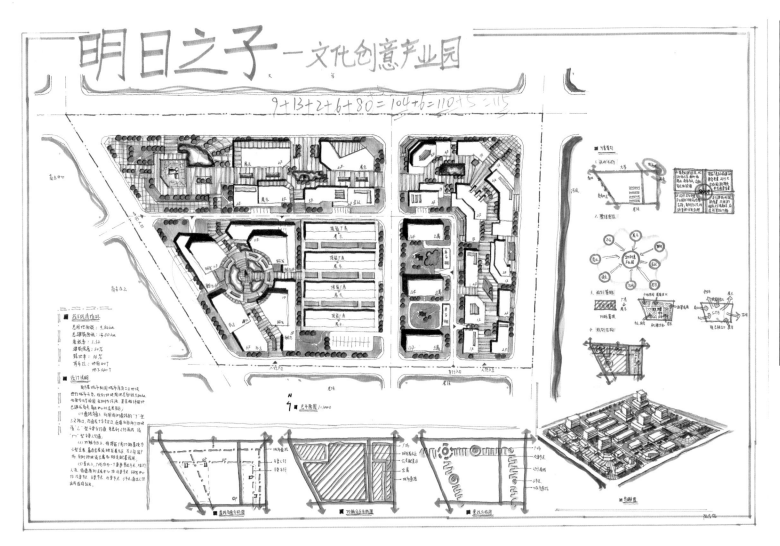

明日之子——文化创意产业园

名称：001-160128-0036

优点：
（1）功能分区合理，结构均衡稳定，但 B 地块在结构上与 A 地块缺乏呼应。
（2）对旧厂房功能置换到位。
（3）建筑尺度把握较好，长房间保留用铺装联系即可。

建议：
平时多积累一些建筑方面的知识与素材，加强对建筑单体、建筑组合以及建筑空间的理解；景观设计还需进一步强化。

第 8 章

快题赏析

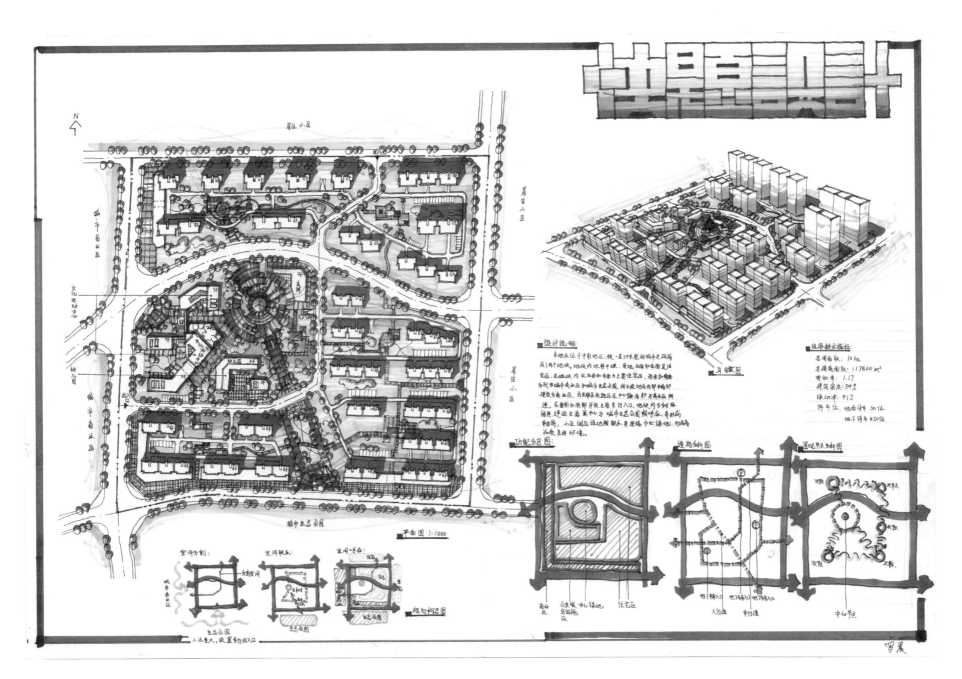

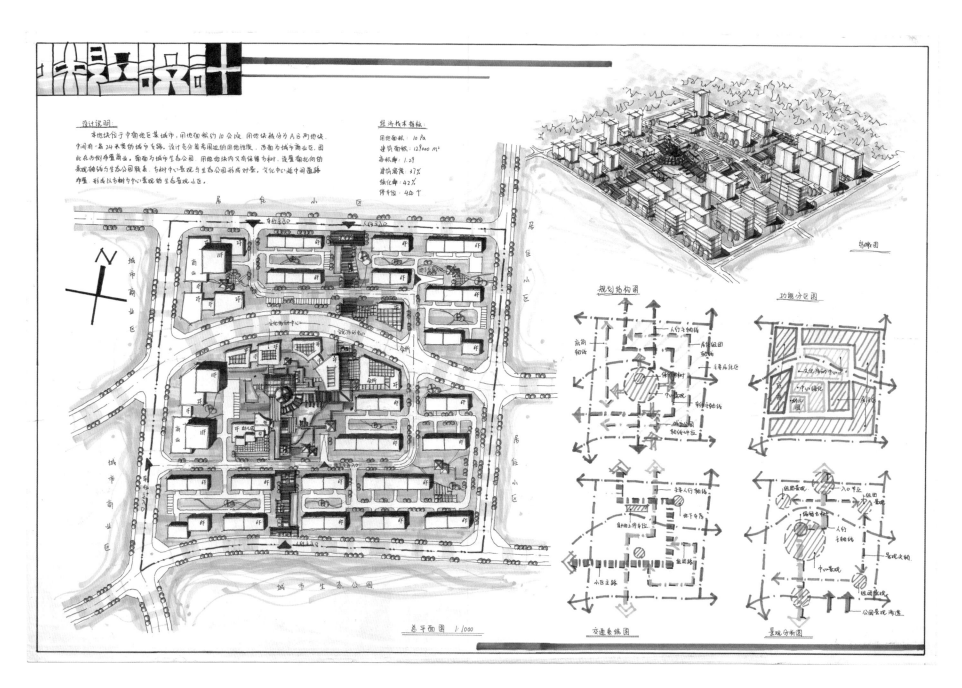

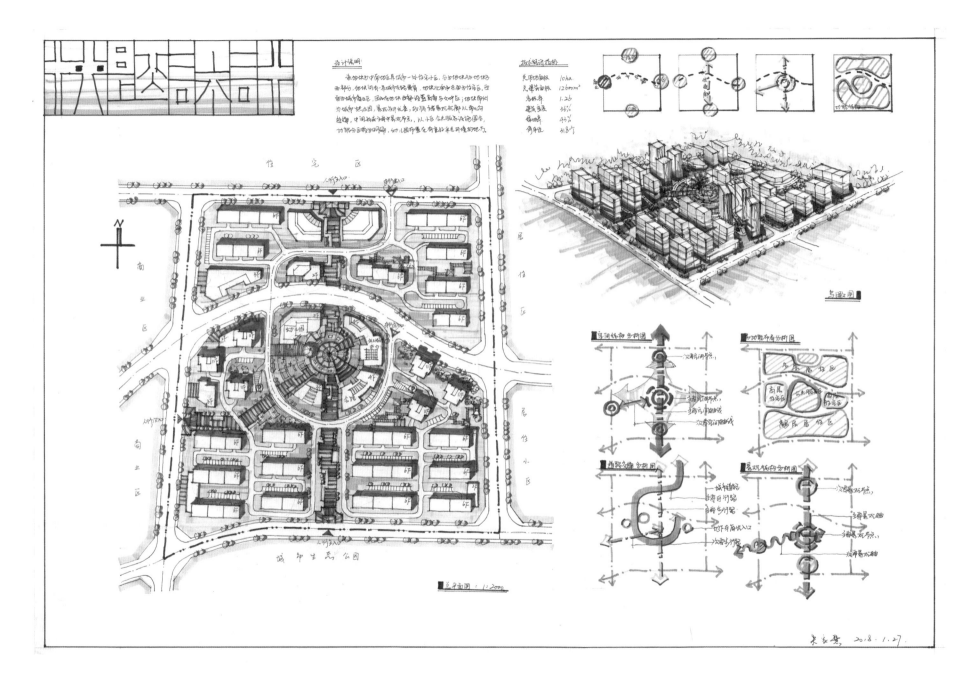

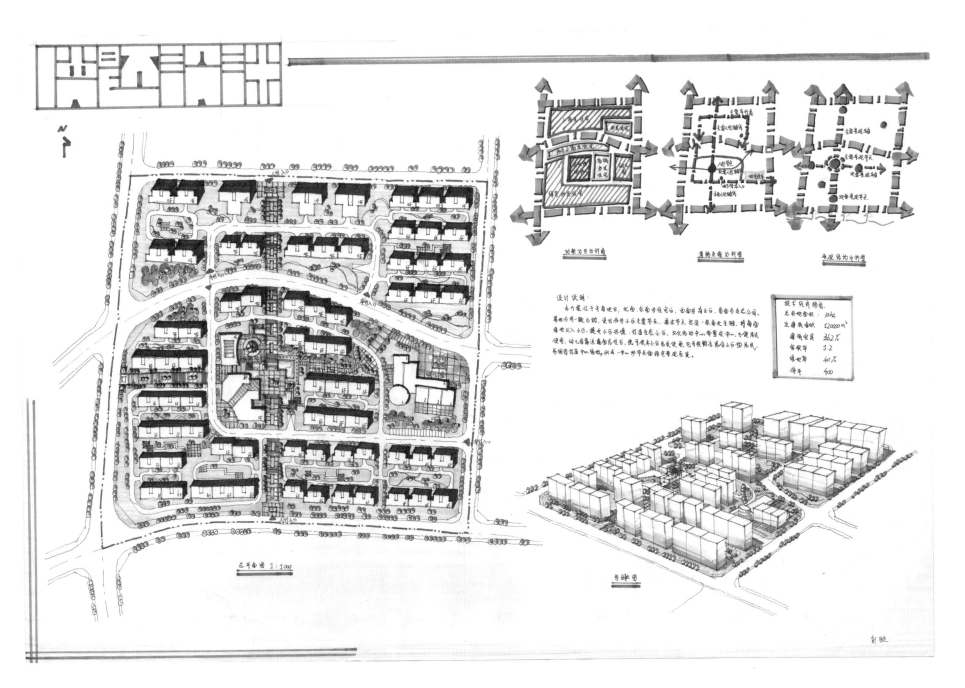

总平面图 1:1000

结构分区分析图　　　　道路交通分析图　　　　景观结构分析图

设计说明

本方案位于平面地内，北面、东面为居住宅区，西面为商业宅区，南面为生态公园。基地内有一整石桥，设计作为小区主要节点，通过节点，打造一条南北主轴，将南面绿地引入小区，提升小区环境，打造生态小区，文化活动中心布置在中心，为便居民使用，幼儿园靠近南面居住区，既方便东南居民使用，也可依照这基金小区的居民，各组团前面中心绿地，形成一中小多平石由绿色景观系统。

技术经济指标

用地总面积	10ha
总建筑面积	120000㎡
建筑密度	36.2%
容积率	1.2
绿地率	40%
停车	400

鸟瞰图

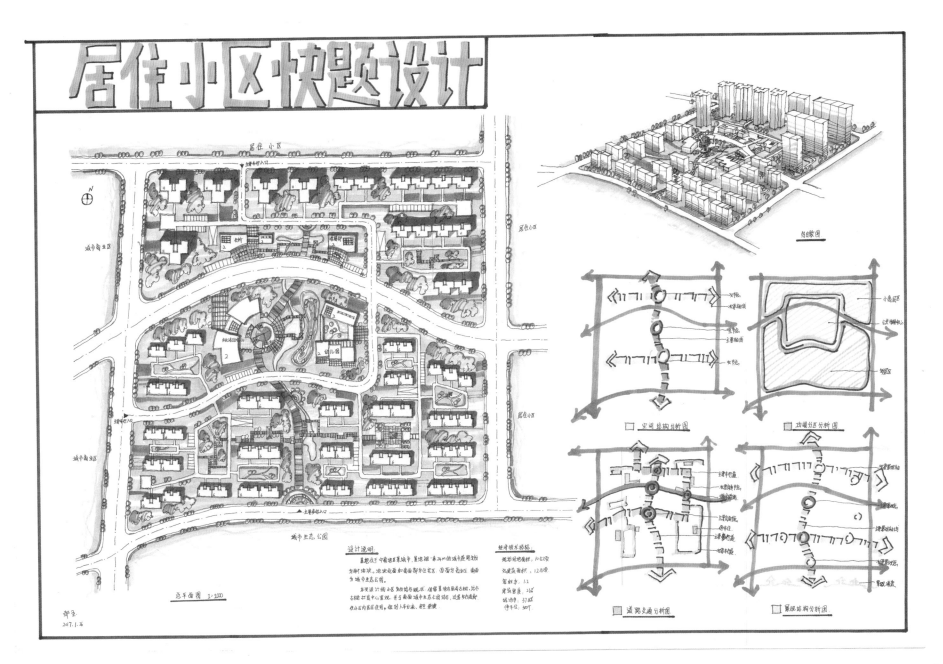

居住小区快题设计

居住小区

城市商业区

城市商业区

居住小区

居住小区

城市生态公园

鸟瞰图

空间结构分析图

功能分区分析图

道路交通分析图

景观结构分析图

设计说明

基地位于中南地区某城市,基地被一条河川的城市道路划分两块地块。地块北面和南面都为住宅区,面图为商业,南面为城市生态公园。

本居设计居小区为妇站态观状,建置基地物原留古树,居合古树打造中心置观。并引南面城市生态公园绿化,设置步行廊供小区内居区使用,但到人车分流,卫生,便捷。

经济技术指标:

规划用地面积:10公顷
建筑面积:12万㎡
容积率:1.2
建筑密度:23%
绿地率:37.6%
停车位:500个

运平面图 1:1000

郑王
2017. 1. 26

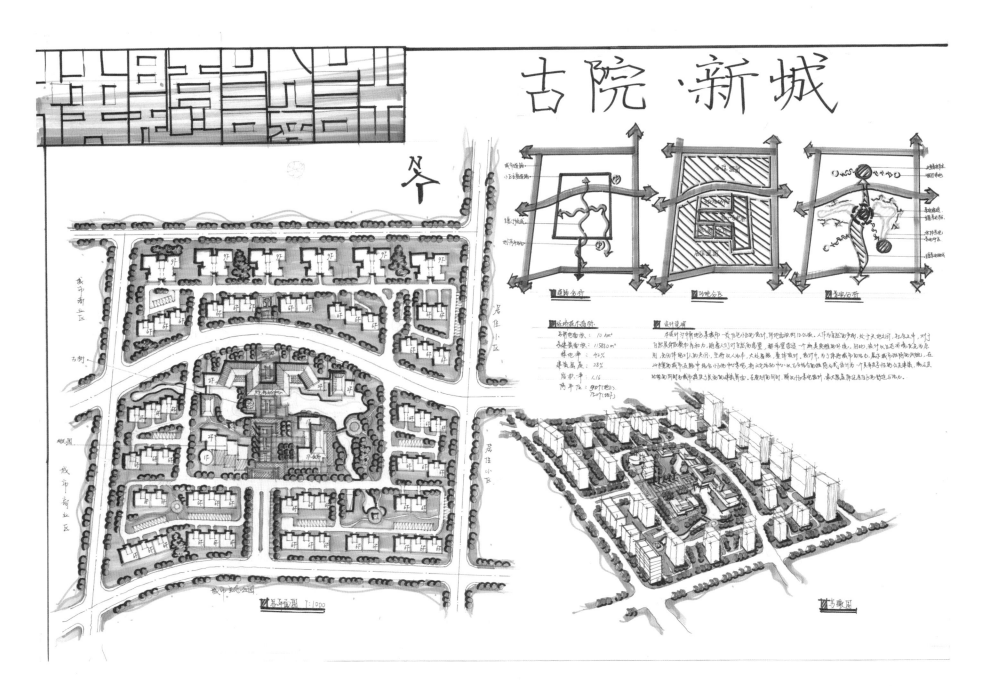

古院·新城

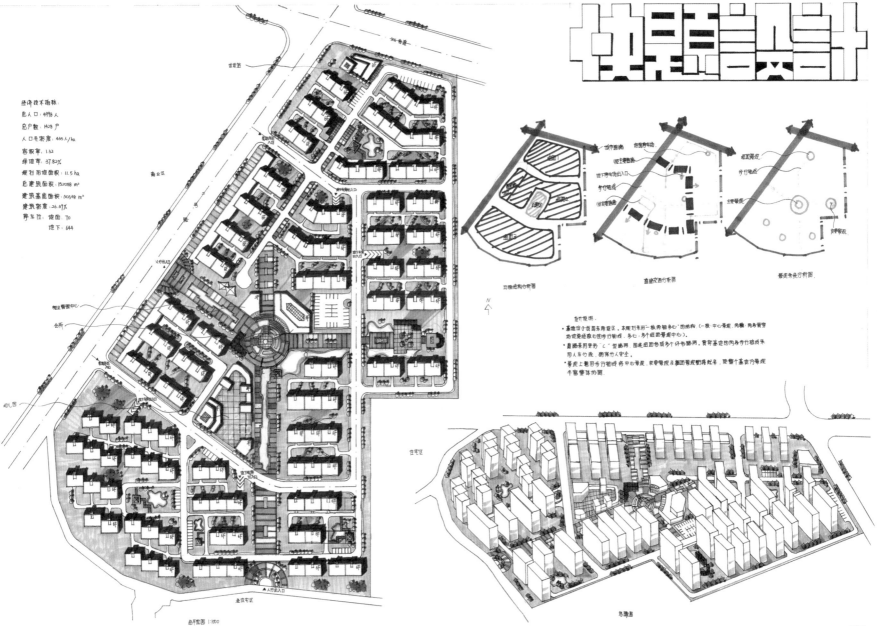

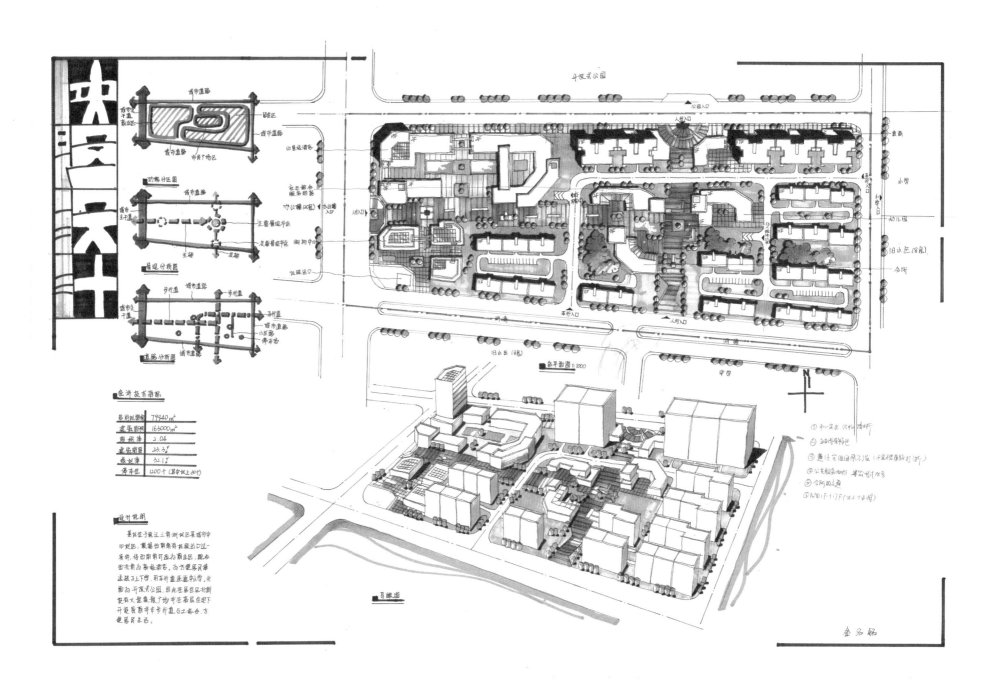

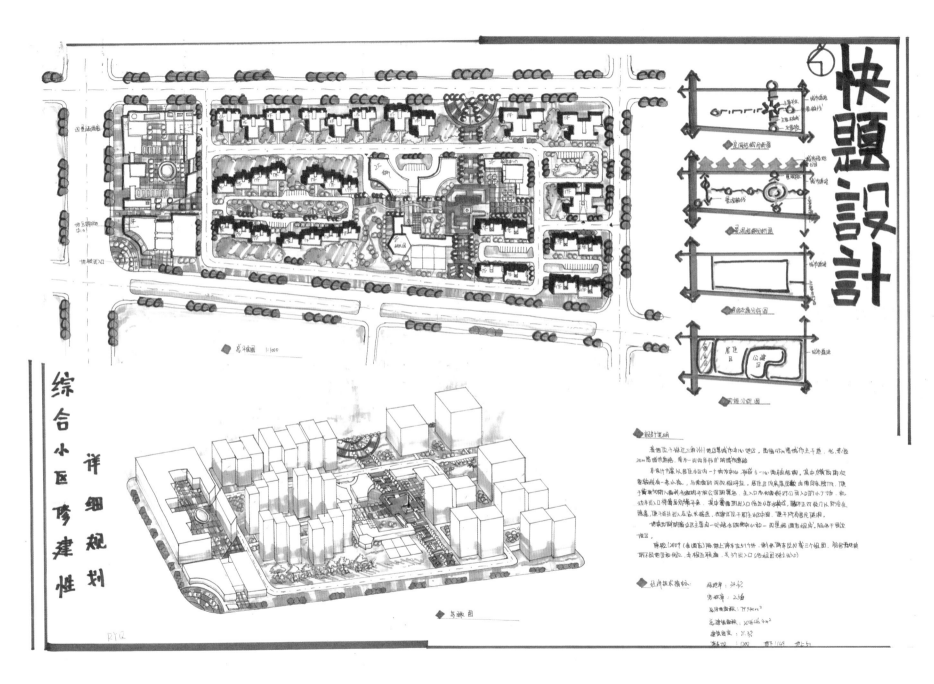

快题设计

综合小区修建性详细规划

总平面图 1:1000

鸟瞰图

145

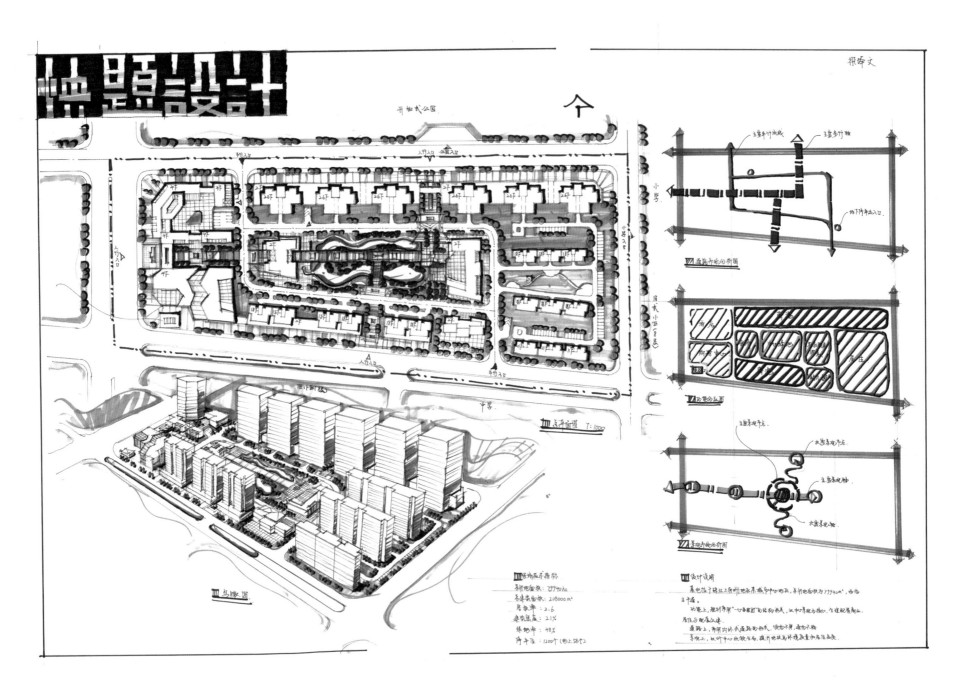

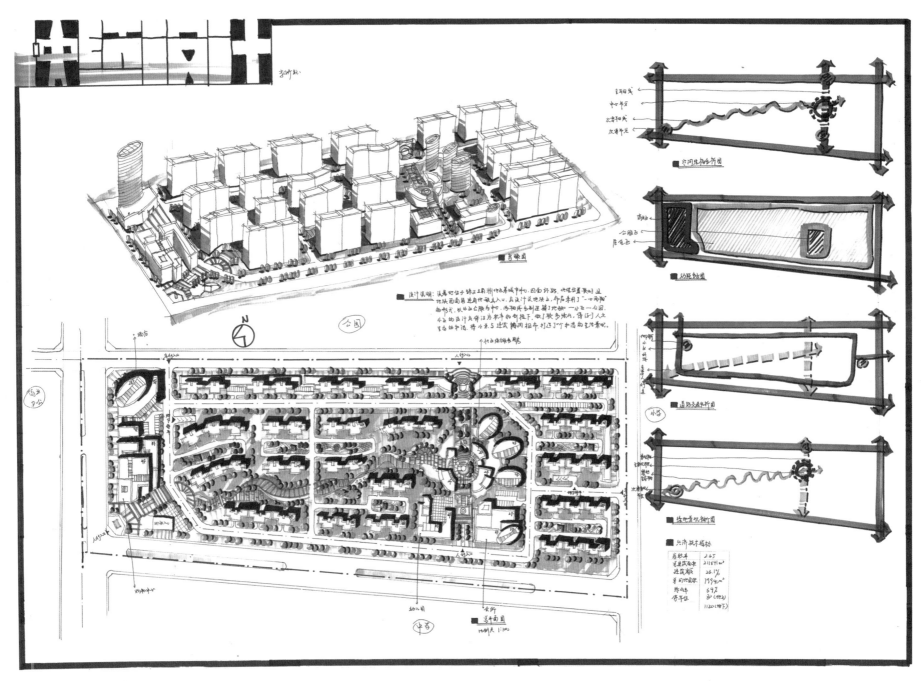

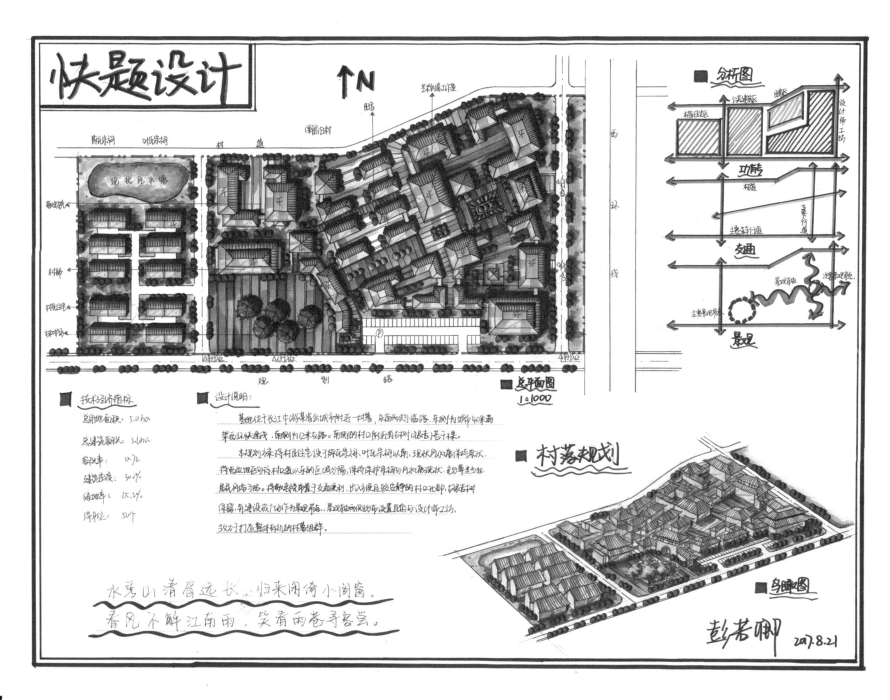

快题设计

↑N

现状风水塘

■ 分析图

■ 总平面图
1:1000

■ 村落规划

■ 鸟瞰图

■ 技术经济指标

总用地面积：5.0ha
总建筑面积：3.6ha
容积率：0.72
建筑密度：30%
绿地率：25.2%
停车位：50个

■ 设计说明

水秀山清眉远长，归来闲倚小阁窗。
春风不解江南雨，笑看两卷寻客尝。

彭若卿   2017.8.21

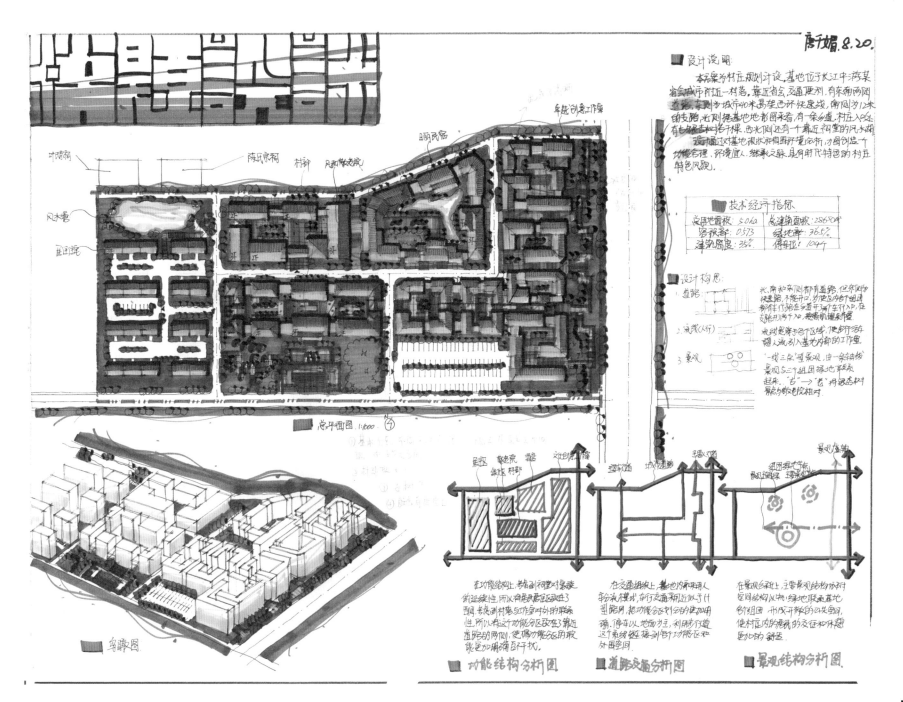

唐千娟. 8.20.

设计说明:

本项目为村庄规划设计,基地位于长江中游某省会城市附近一村落,靠近省会,交通便利.有东南两侧道路,东侧为规行40米高架西环快速线,南侧为12米的支路,北则是基地都面来看,有一条乡道.村庄入处有古银杏树和榉树,西北侧还有一个靠近祠堂的风水湖.

方案通过对基地现状和周围环境的分析,力图创造一个功能合理、环境宜人、继承文脉具有时代特色的村庄特色风貌.

技术经济指标

总用地面积:5.0ha	总建筑面积:28650㎡
容积率:0.573	绿地率:36.5%
建筑密度:35%	停车位:104个

设计构思:

1. 道路: 北、南和东侧都有道路,但东侧为快速路,不能开口,为便及内部组团都需慢行驶在主要平面行车入口.在支路开两个入口.按梳机通车布置.

2. 流线(人行): 流线起步于各个节点,使步行流被引入基地内部的工作室.

3. 景观: "一线三点"组景观,由一条主轴线景观S三个组团绿地联系起来."古"→"老"将银杏和树景点与古院落相对.

总平面图 1:1000

鸟瞰图

功能结构分析图

展区 文化创意工作室

在功能结构上,考虑创意工作对景观的延续性,所以考虑将景观区放在3侧,考虑村落工作室对外的联系性,所以将这个功能分区放在靠近道路的两侧,使得功能各用取能更加明确且互不干扰.

道路交通分析图

停车通道 社区通道

在交通组织上,基地采用人行流模式,步行交通靠近似于什型路网,把功能分区划分的更加用确.停车以地面为主,利用步行道这个系统连接到各个功能区和各个空间.

景观结构分析图

景观龙轴

在景观结构上,主要景观结构沿村里内部结构以内绿地联系基地各组团,形成开敞的公共空间,使村庄内的形成的交往和休闲活动的场所.

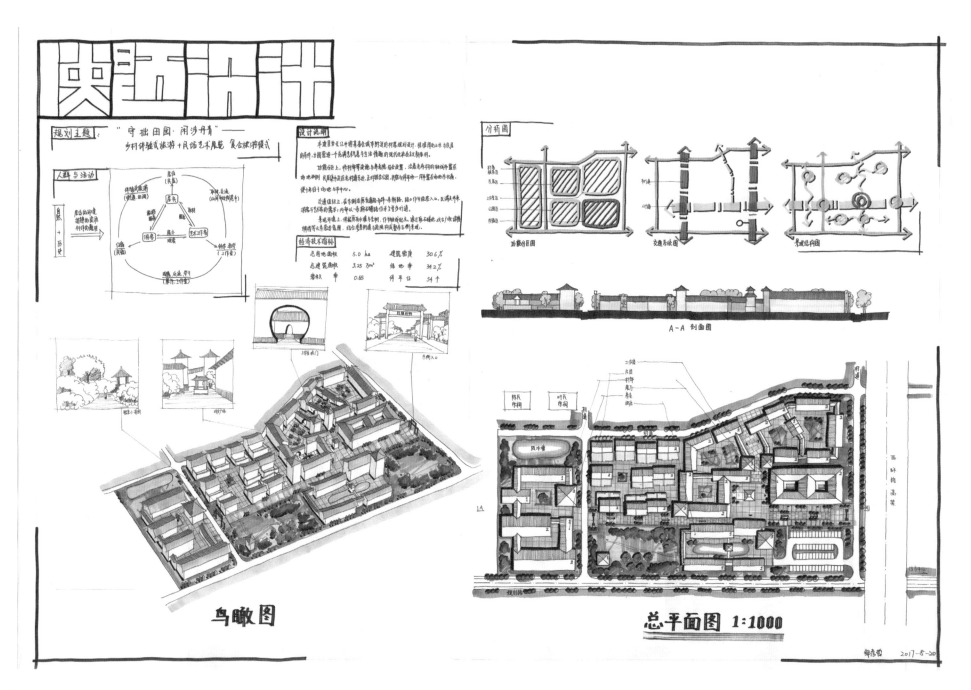

鸟瞰图

总平面图 1:1000

规划用地平衡表

序号	用地类别	面积	比例
1	服务用地	11456m²	16%
2	文化用地	9308m²	13%
3	宗教用地	4296m²	6%
4	商业用地	6444m²	9%
5	绿地	25776m²	36%
6	建筑用地	14320m²	20%

1 鸟瞰图

设计说明

1.简介：本方案为某省级文物保护寺庙地段规划设计。规划范围内地势平坦，总用地面积 7.92ha，净用地面积 7.16ha

2.功能分区：结合古寺庙周围布置文化展示及民俗活动体验中心，有利于文化的传承，古寺庙前侧的沿街集散广地为古寺庙提供开敞空间，个构东侧地为商业用地，地段东侧沿街绿地布置调适和市民活动中心，相对外地。

3.道路交通：地段车行道为外环路，这样保证地段内步行系统的完整性。

经济技术指标

总用地面积： 7.16ha
总建筑面积： 40096m²
建筑密度： 28%
容积率： 0.56
绿地率： 36%
停车位 地上：120
地下：100

总平面图 1:1000

陈宇

古寺庙地段规划设计

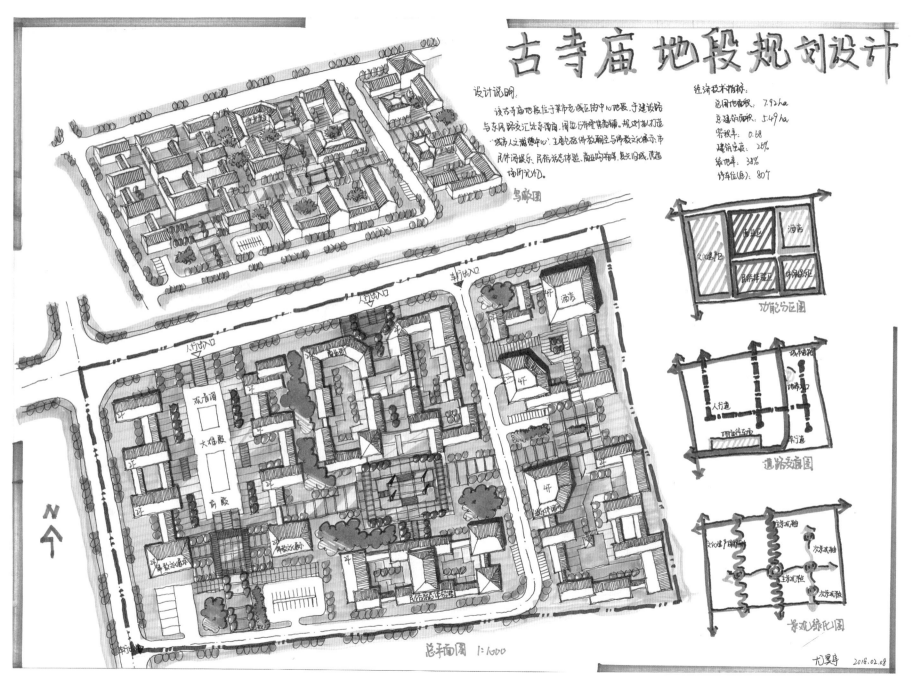

古寺庙 地段规划设计

设计说明:

该古寺庙地段位于某市老城区的中心地段,于建设路与东风路交汇处东南面,周边均布满销售商铺。规划拟打造城市人文道德中心,主题以佛教翻建与佛教文化展示市民休闲娱乐、民俗活态体验、商业购物等,最大限度,营造场所记忆。

经济技术指标:

总用地面积: 7.92 ha
总建筑面积: 5.49 ha
容积率: 0.68
建筑密度: 26%
绿化率: 38%
停车位(辆): 80个

鸟瞰图

功能分区图

道路交通图

景观绿化图

总平面图 1:1000

尤昊博 2018.02.08

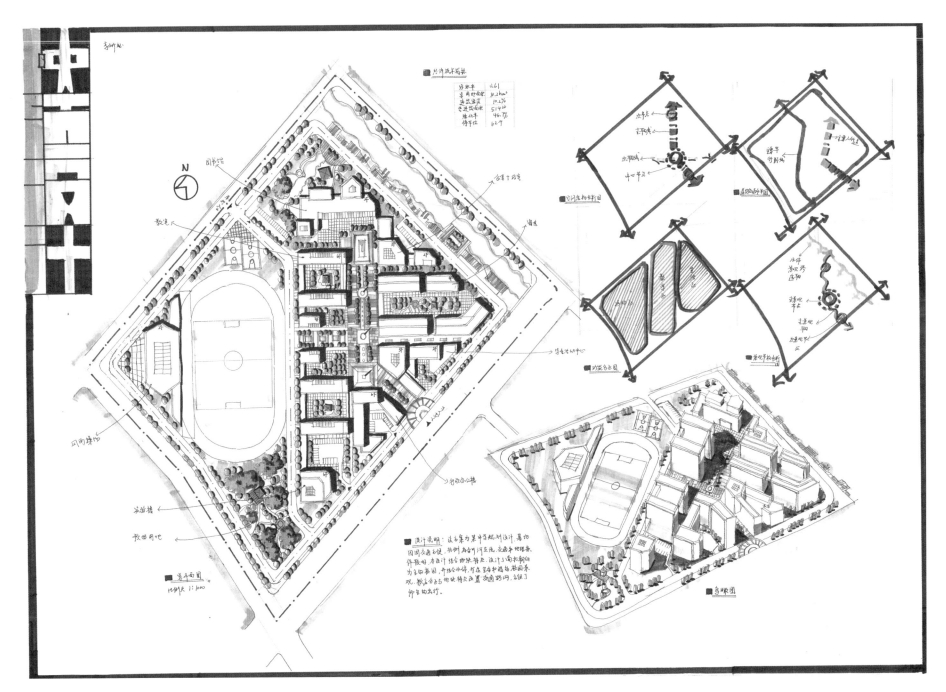

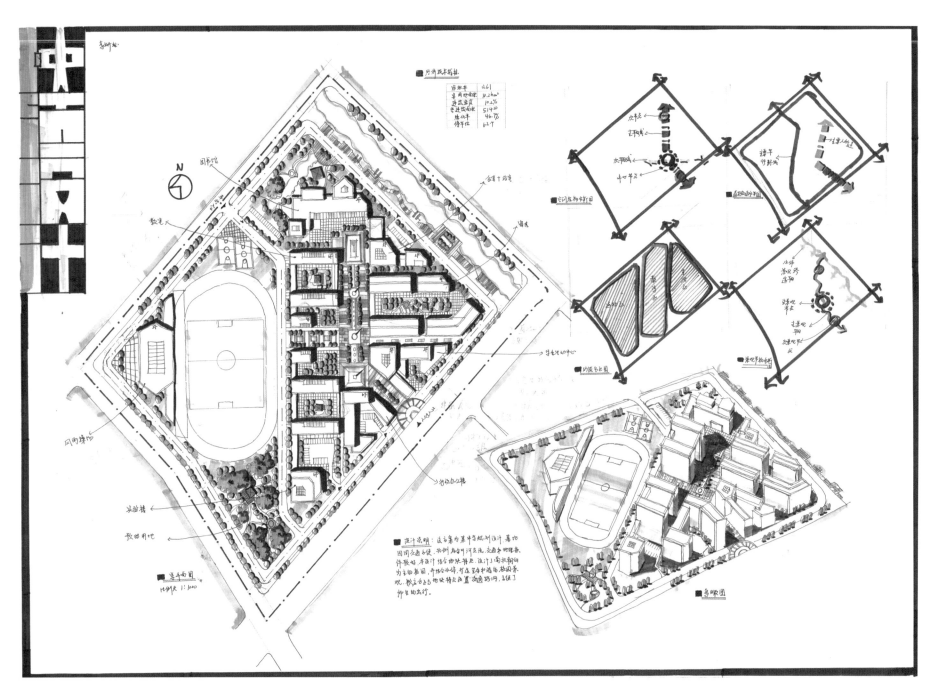

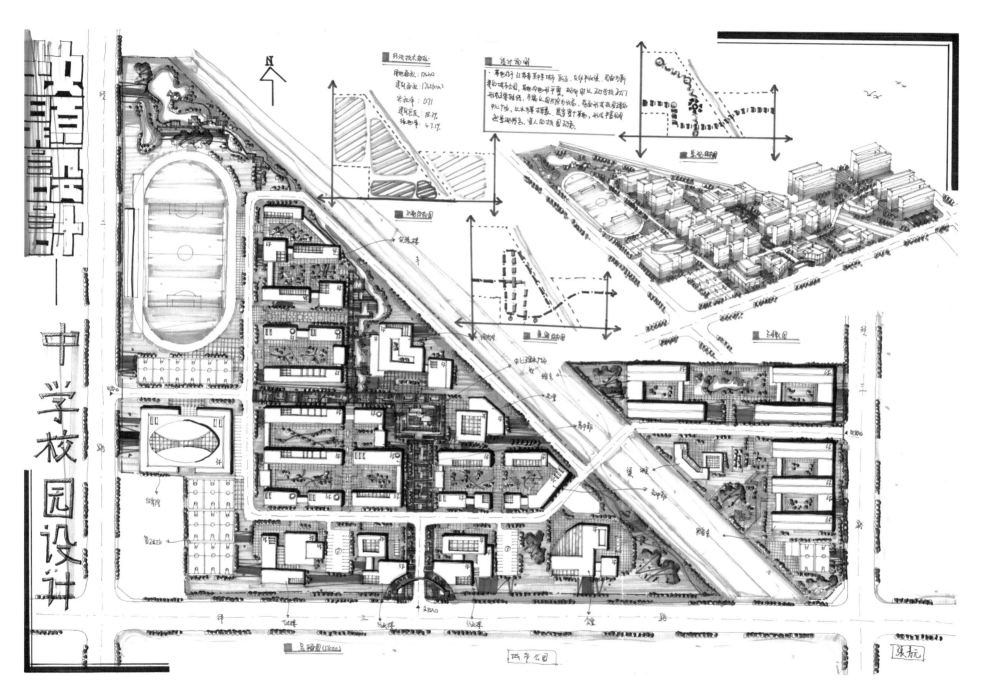

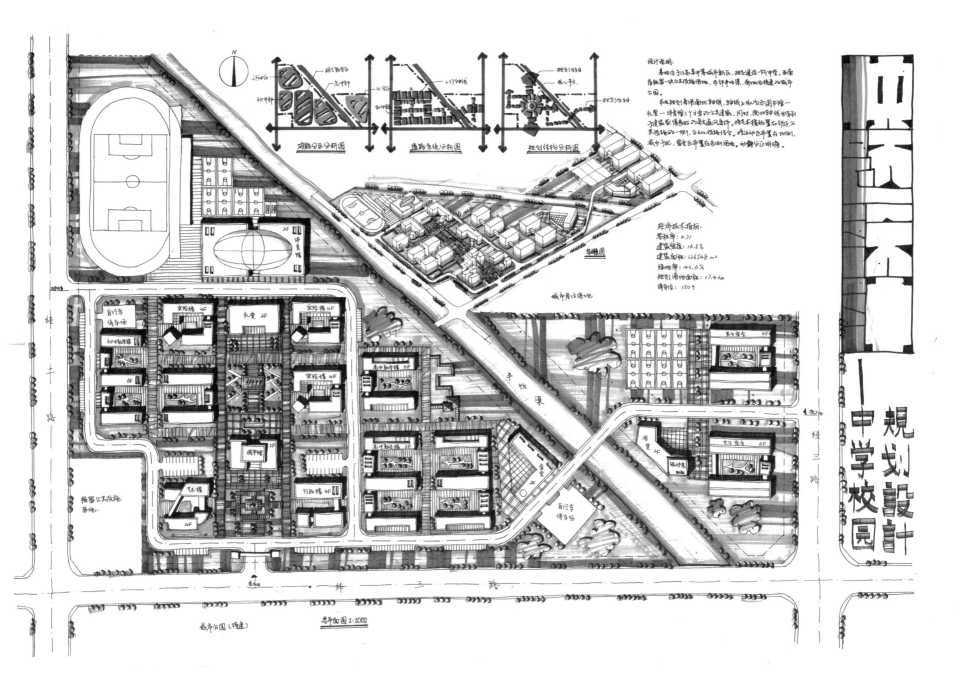

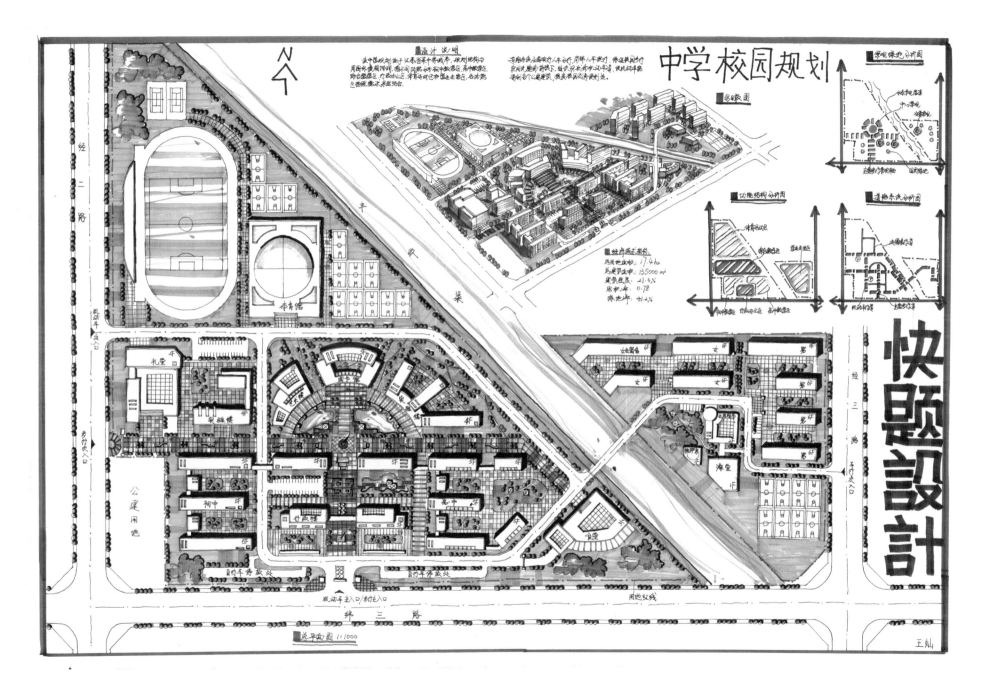

中学校园规划

快题设计

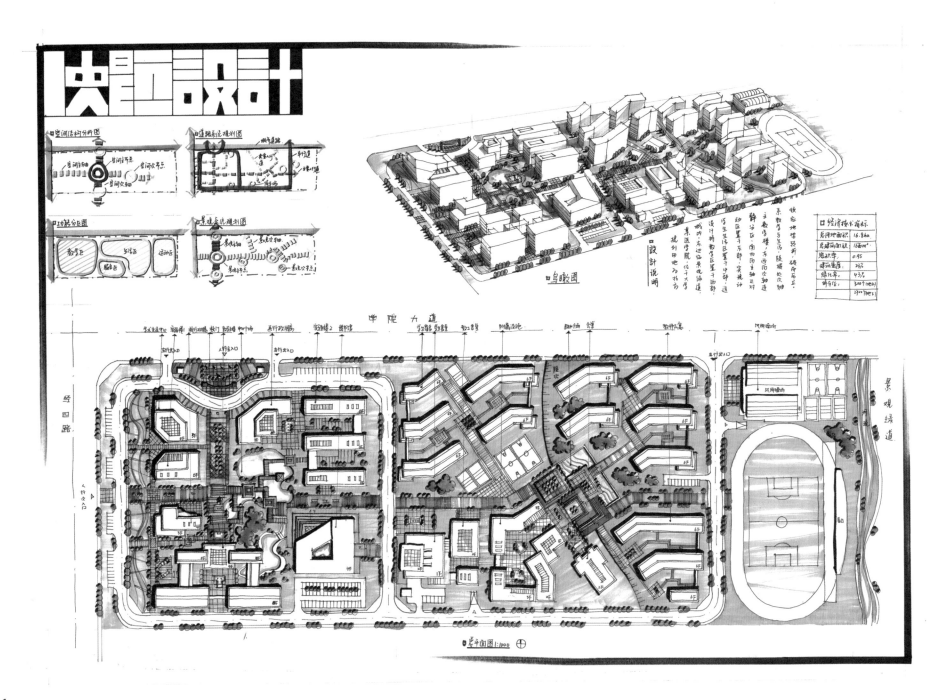

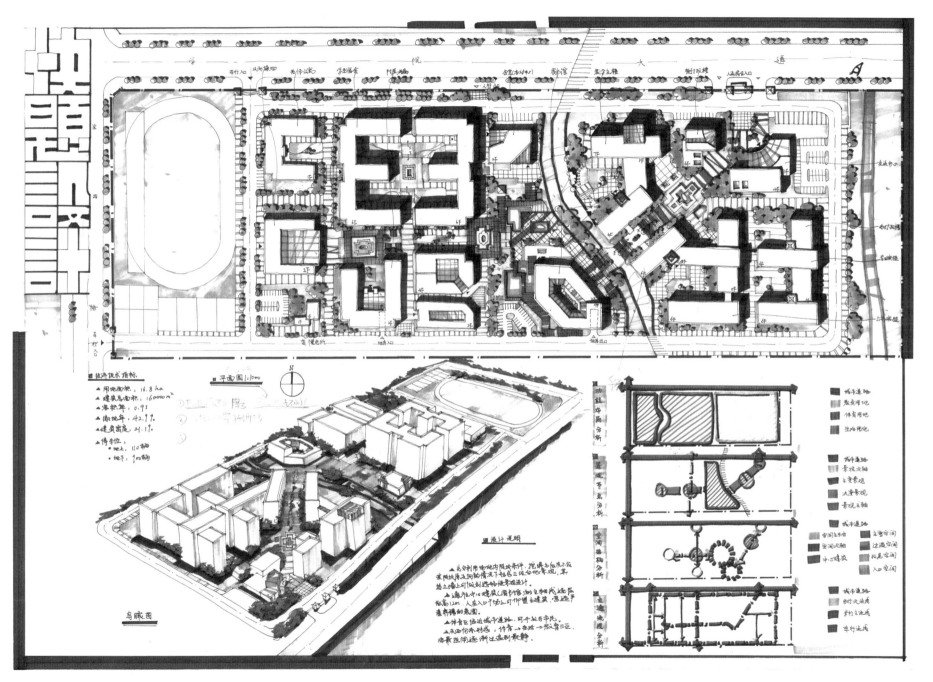

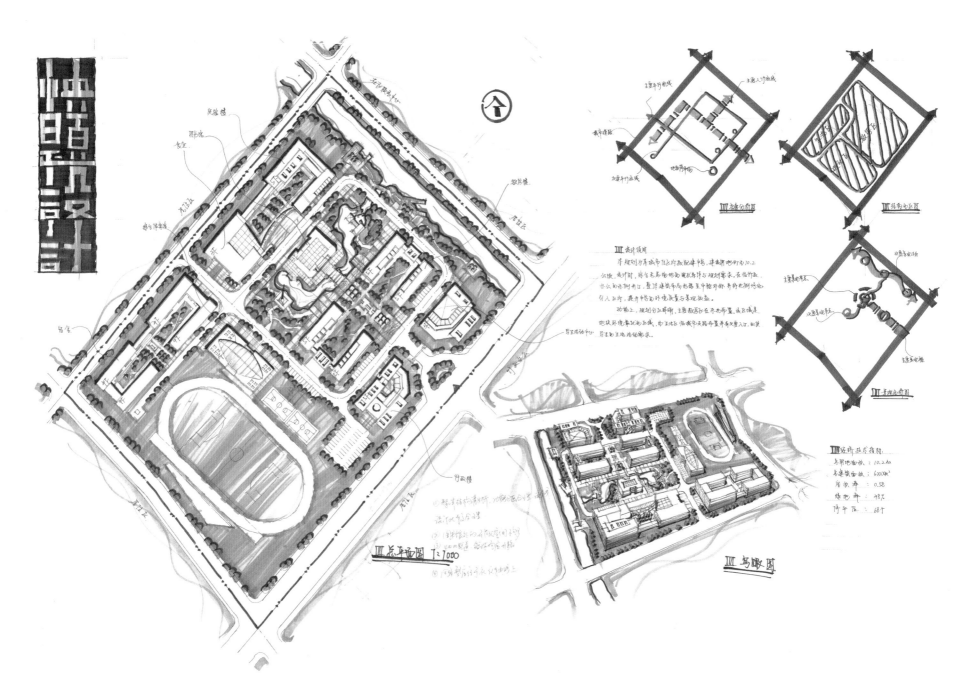

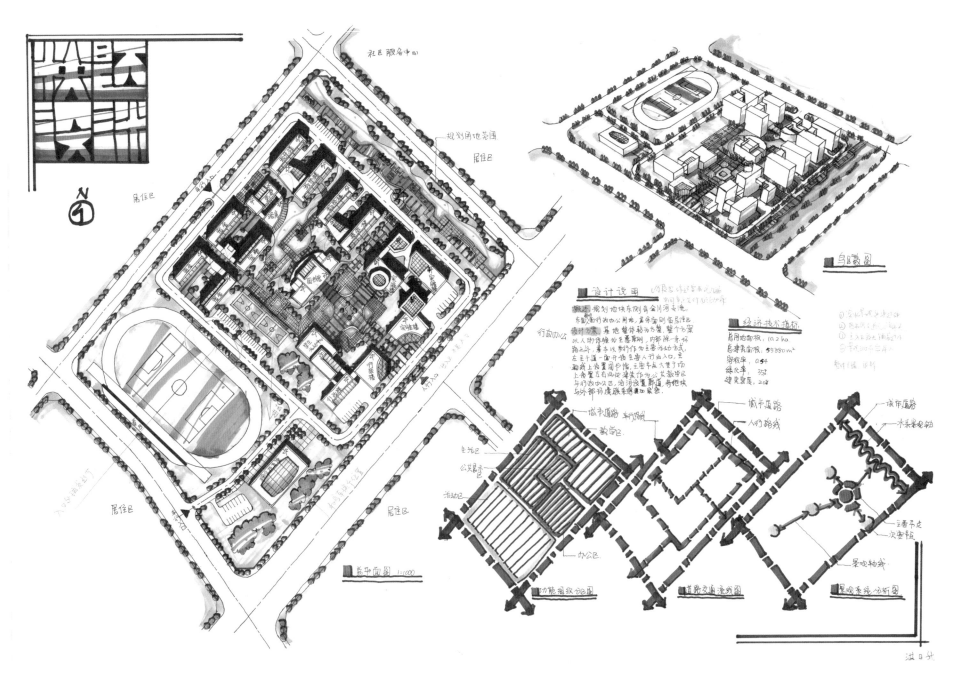

中学校园规划设计

已建居住小区

已建居住小区

待建居住小区

室外器械活动区

2F 音乐美术舞台楼

行政楼

5F 教学楼   5F 教学楼

2F 文化馆   4F 图书馆

实验楼

5F 宿舍楼

3F 宿舍楼

5F

已建居住小区

总平面图 1:1000

·功能分析图   ·道路分析图   ·景观分析图

体育运动区
行政办公区
音乐美术舞台楼
教学区
文化馆
图书馆
实验楼
宿舍生活区

城市道路
车行主干道
主要人行道
地上停车位

规划主轴
规划次轴
规划中心主要景观
主要节点景观
道路绿化

设计说明：

1、基地位于南方某城市新区，总用地面积为86000 m²，西临城市主干道，北依城市发干道，东面为城市交路，南面为已建成居住小区。

2、该设计考虑到方案为某私立中学，主要使用人群为中学生，利用整体对微但又十分协调的思路体现了一种包容、开放的校园风气，用环形路网，将体育活动，公共教学，学生宿舍分区协调统一，分区明确，功能上又相互联系，有方便的步行系统，增添校园趣味，又可分担主轴压力。

3、该方案动静结合，内外分区明确，创造一个宜人的学习环境，为学生的学习生活提供最便利的条件。

技术经济指标

容积率：0.72
总用地面积：86000 m²
绿地率：46%
建筑面积：60270 m²
建筑密度：20%
停车位：300

2016.2.2
杨婧

鸟瞰图

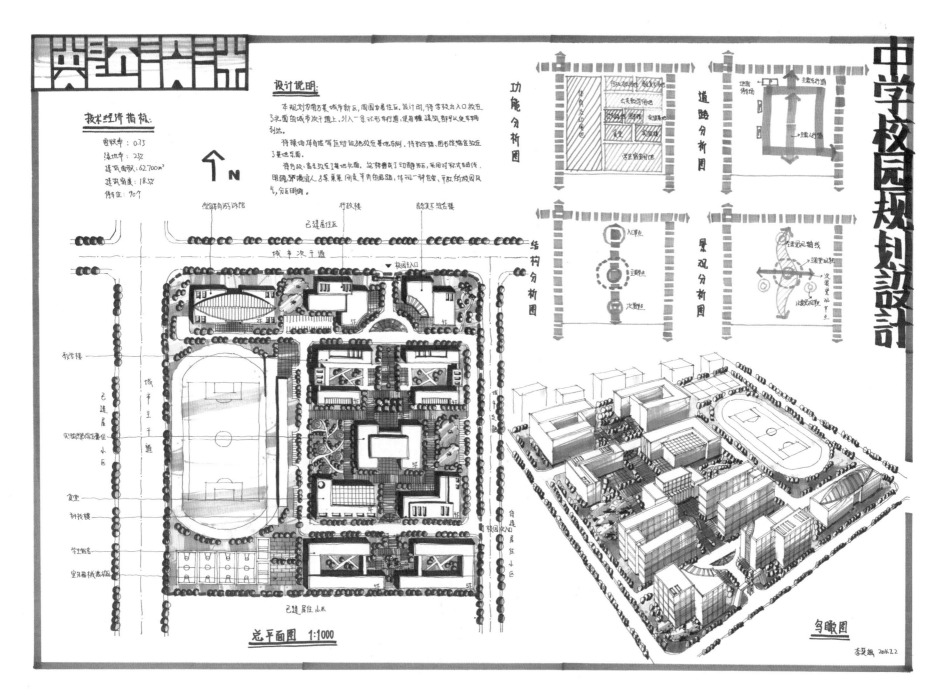

中学校园规划设计

设计说明:
本规划方案为某城市新区,周围为居住区。设计时,将学校出入口放在北面的城市次干道上。引入一条环形车行道,使每栋建筑都可以车辆到达。
将操场的体育运动设施放在基地东侧,将教学楼、图书馆集中放在基地东面。
将行政、食堂放在基地北面,远离教学区,采用对称式轴线,明确,环境宜人,多条景观平行的思路,体现一种包容、平和的校园风气,分区明确。

技术经济指标:
容积率:0.75
绿地率:23%
建筑面积:62700m²
建筑密度:18.5%
停车位:90个

功能分析图

道路分析图

结构分析图

景观分析图

总平面图 1:1000

鸟瞰图

李英娜 2016.7.2

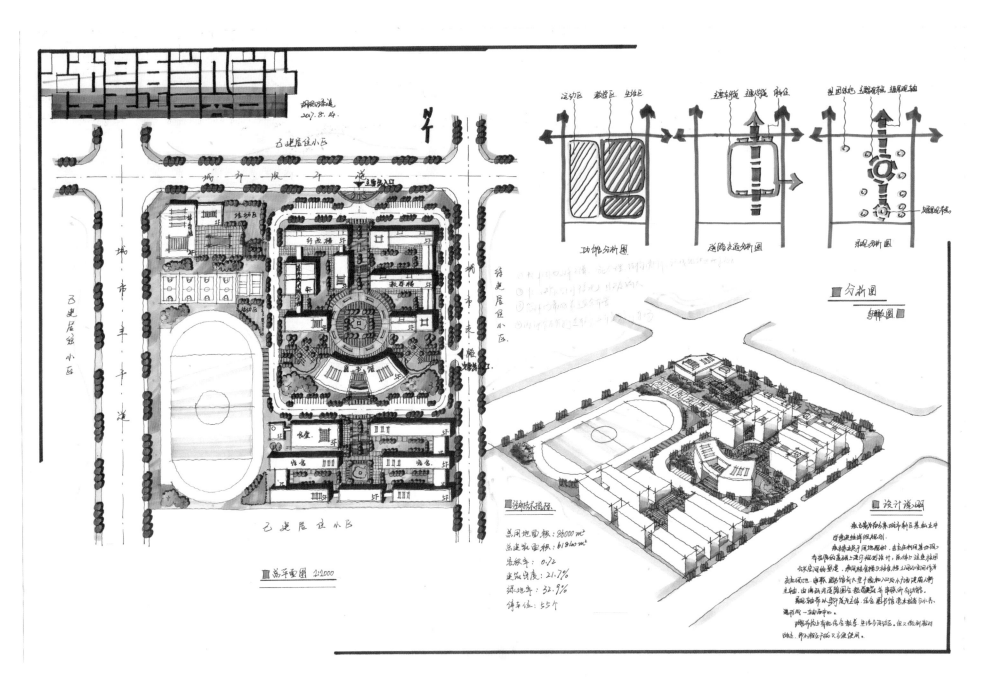

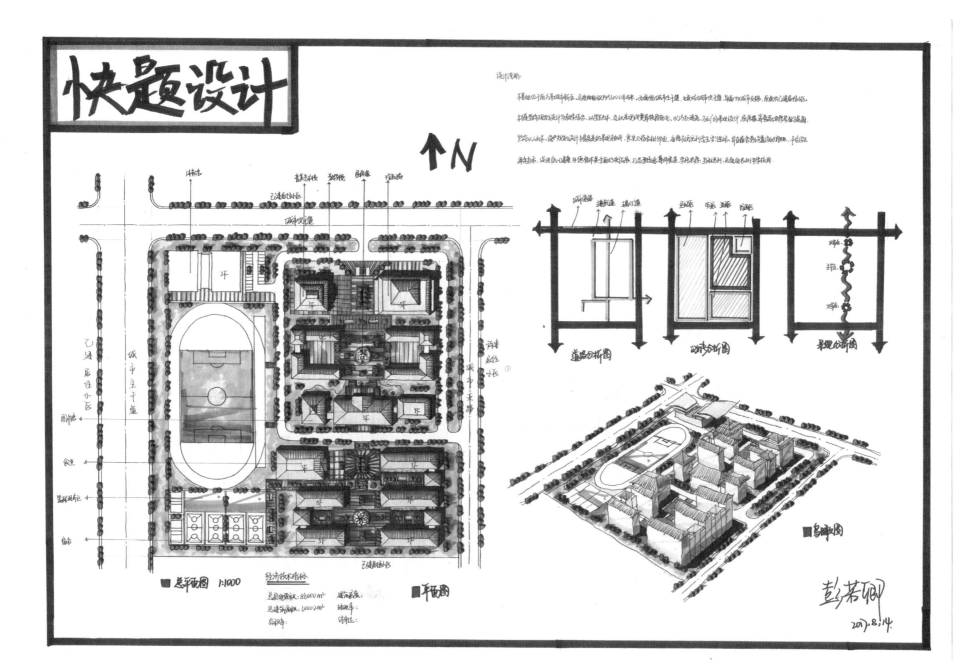

快题设计

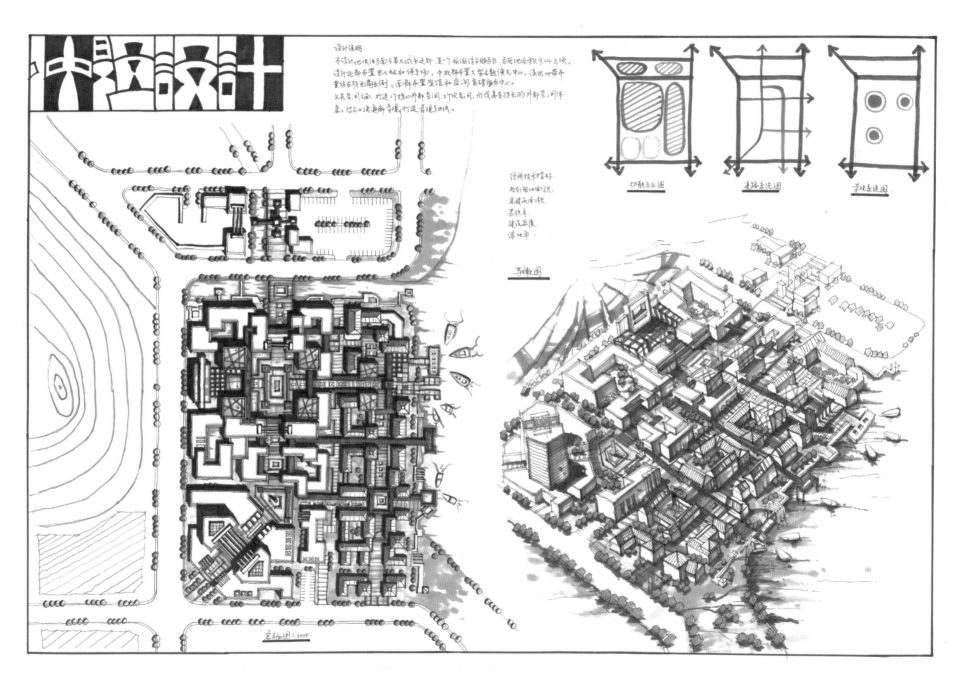

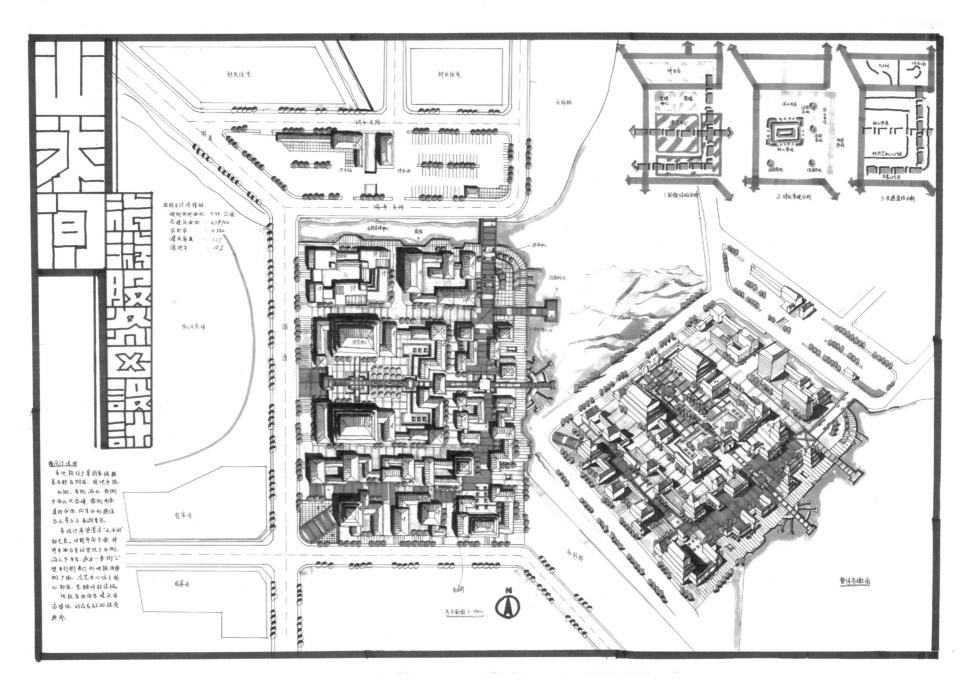

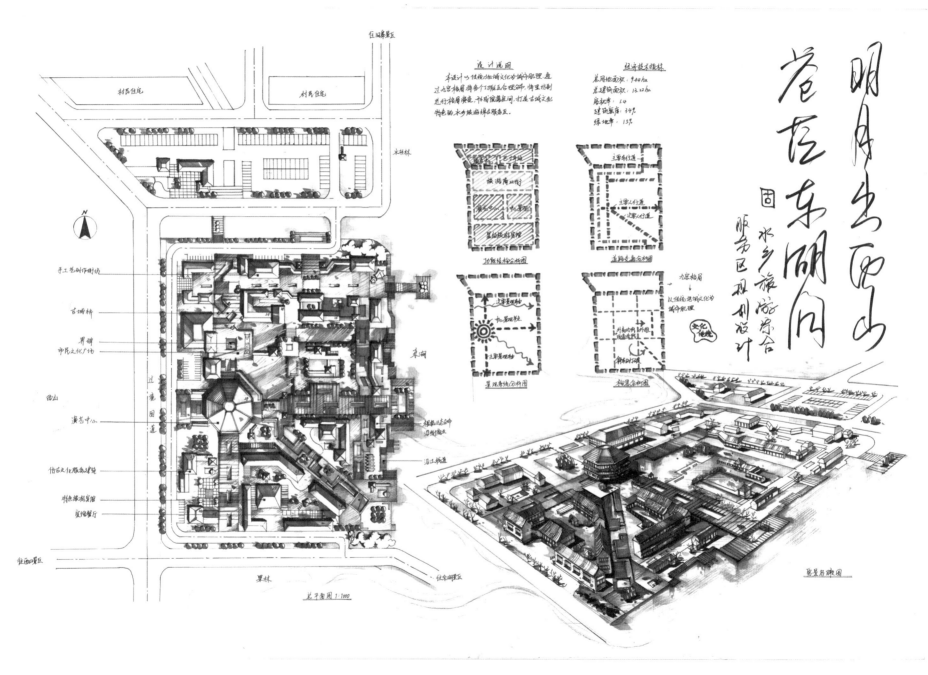

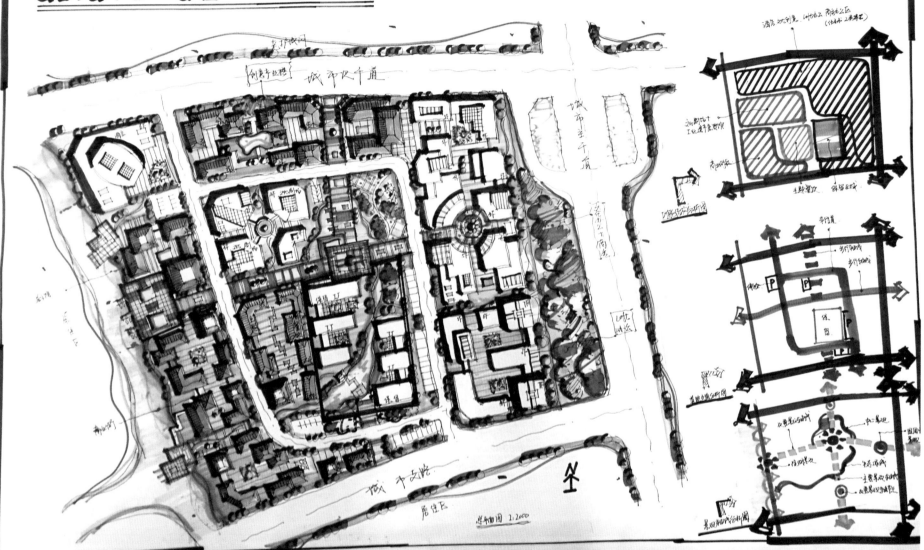

某纺织厂更新规划设计 和谐·共生

GENG XIN GUI HUA SHE II.

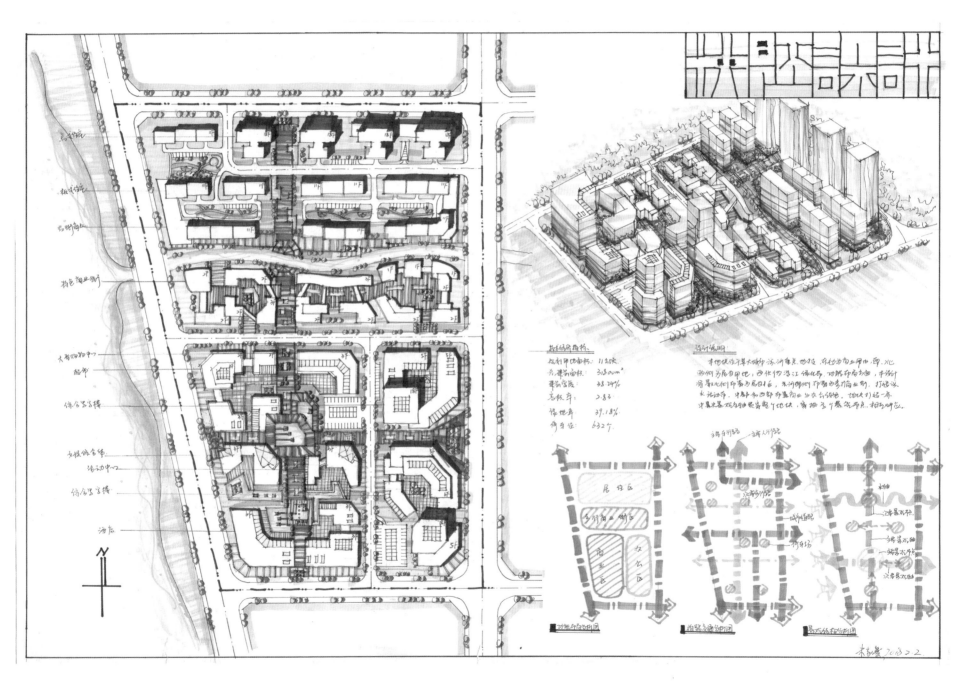

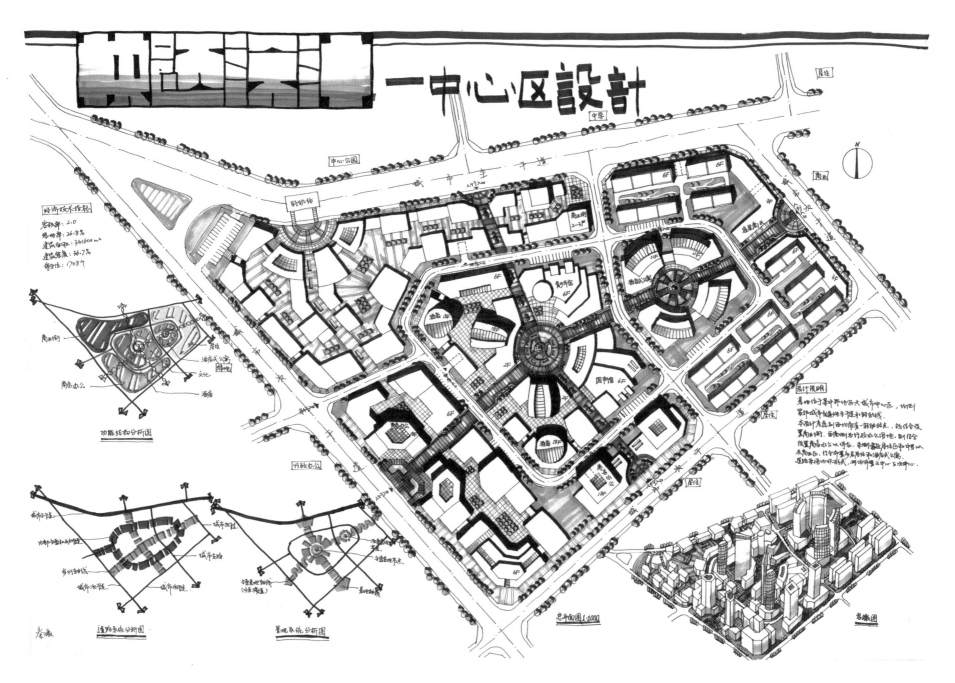

中心区设计

经济技术指标
容积率：2.0
绿地率：26.8%
建筑面积：341600 m²
建筑密度：36.7%
停车位：1708个

功能结构分析图

道路系统分析图

景观系统分析图

总平面图 1:1000

鸟瞰图

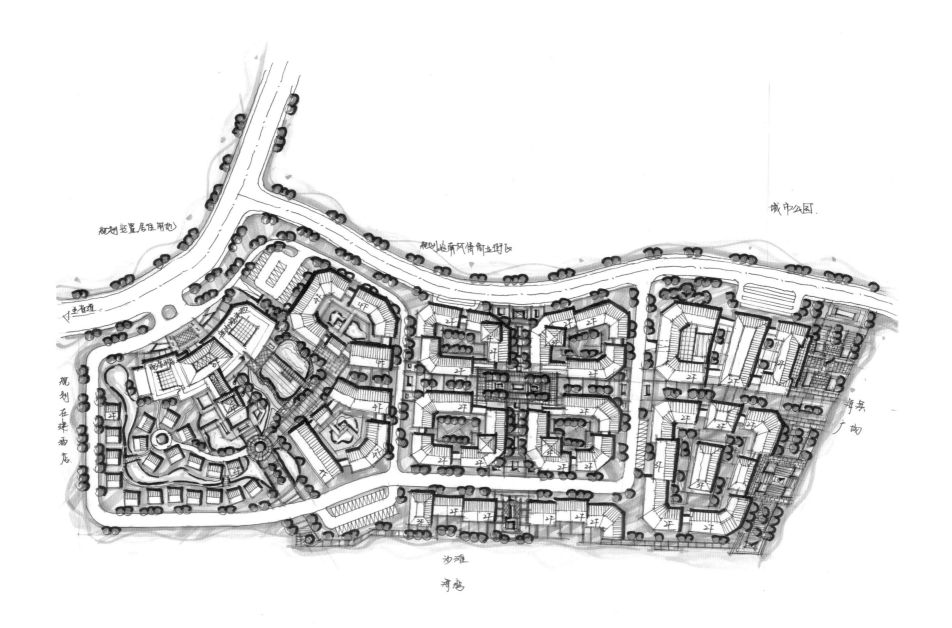

规划闲置居住用地

城市公园.

规划哈尔风情商业街区

主省道

规划在来西店.

配套用地

滨海广场

沙滩

海运

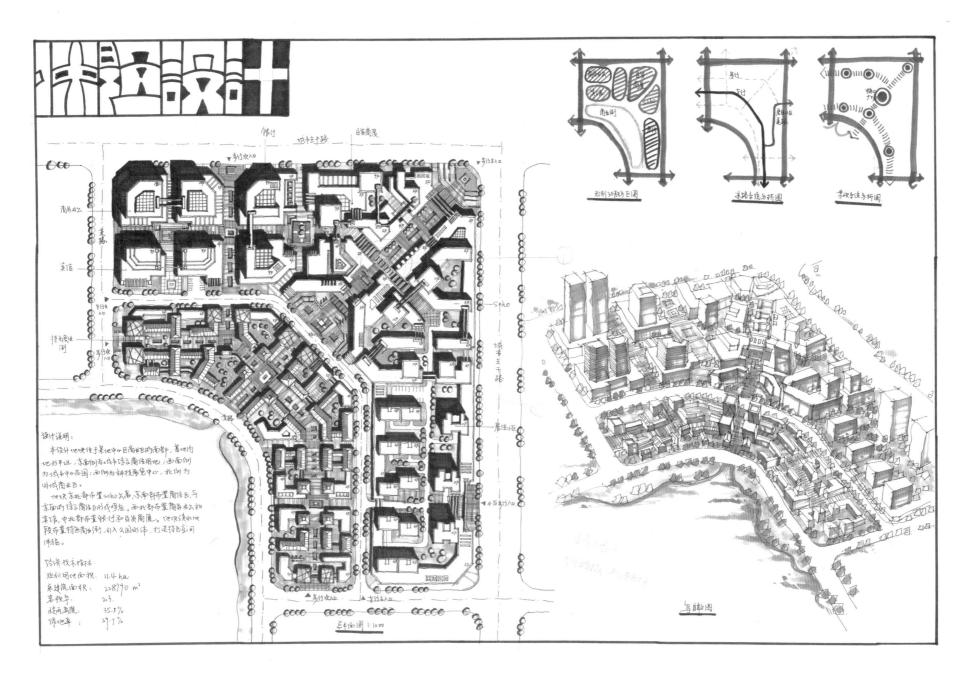

快速设计

设计说明：
本设计地块位于某地中心区商业的南部，基地内地形平坦。东南侧为城市综合商住用地，西南侧为城市中心花园，西侧为科技展览中心，北侧为明城商业区。
地块东北部布置soho式写，东南部布置商住区，与东侧的绿色商住区形成呼应。西北部布置商务办公和宾馆，中北部布置银行和日常商展。地块沿水临地段布置特色商业街，引入之园形体，打造特色景观同体验。

经济技术指标：
规划用地面积：11.4 ha
总建筑面积：228790 m²
容积率：2.3
建筑密度：35.5%
绿地率：29.7%

总平面图 1:1000

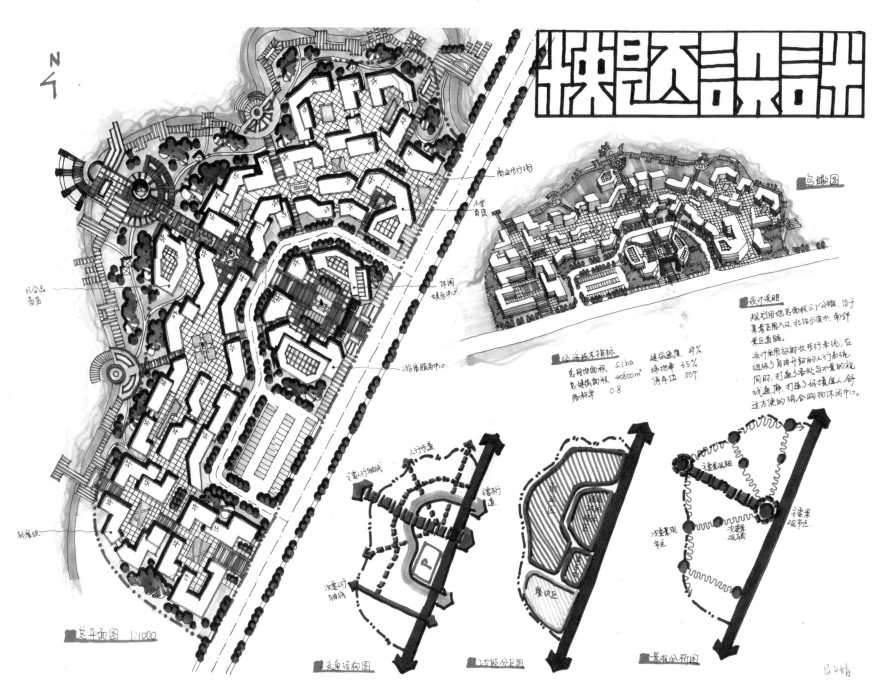

快题设计

总平面图 1:1000

商业步行街

小型广场

休闲娱乐中心

游客服务中心

纪念品商店

鸟瞰图

设计说明

经济技术指标

总用地面积 5.1ha
总建筑面积 40800m²
建筑容积率 0.8
建筑密度 35%
绿地率 35%
停车位 50个

支路结构图

功能分区图

景观分析图

马之婧

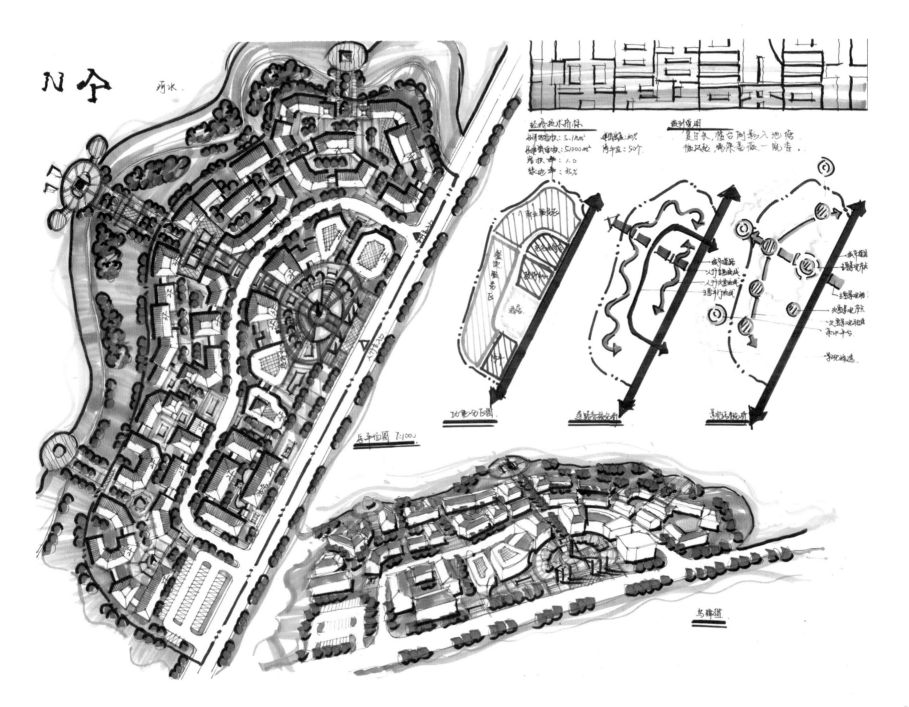

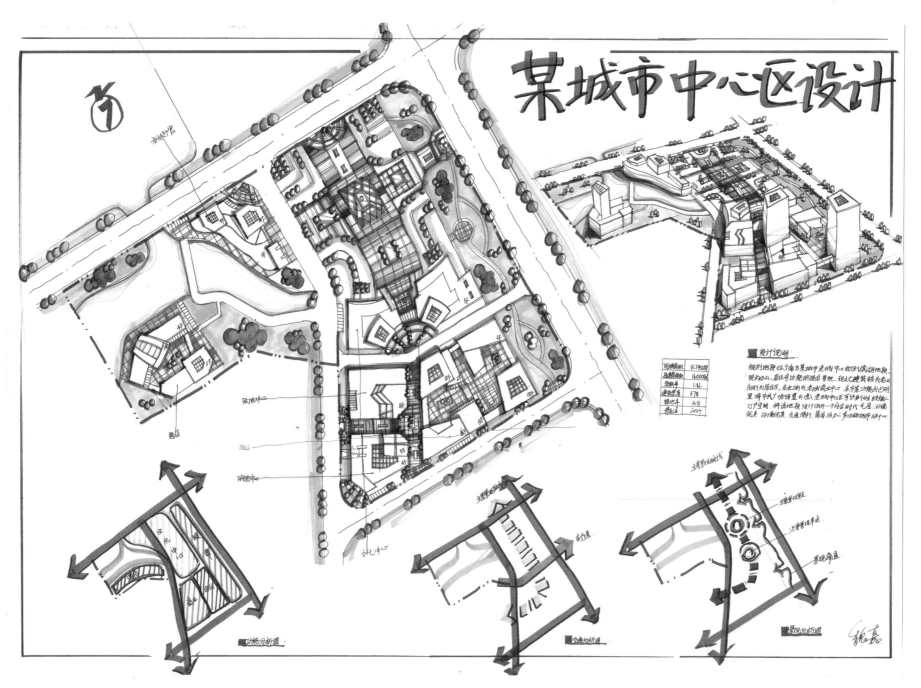

某城市中心区设计

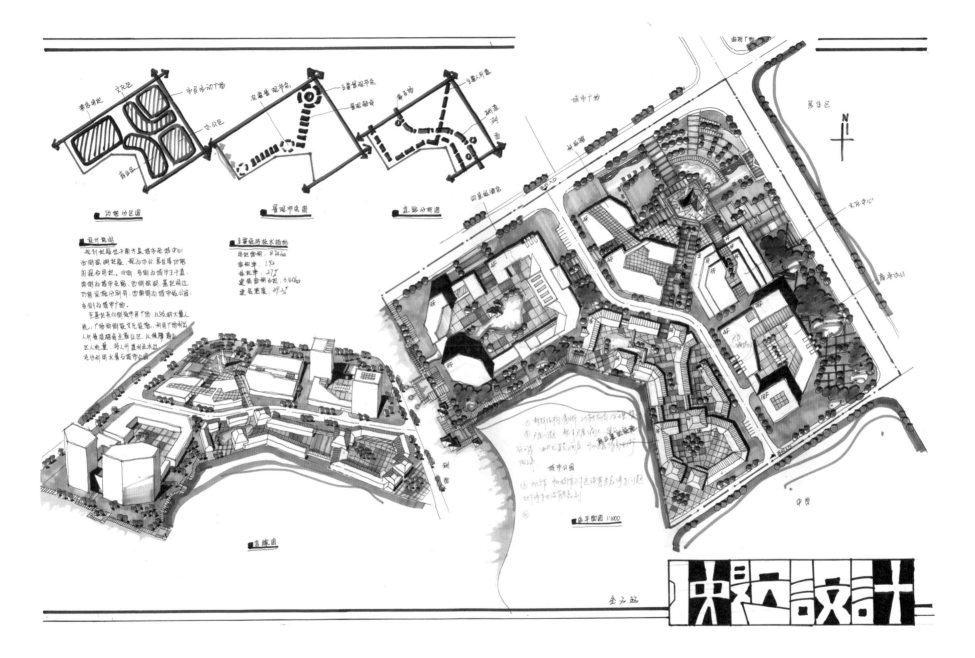

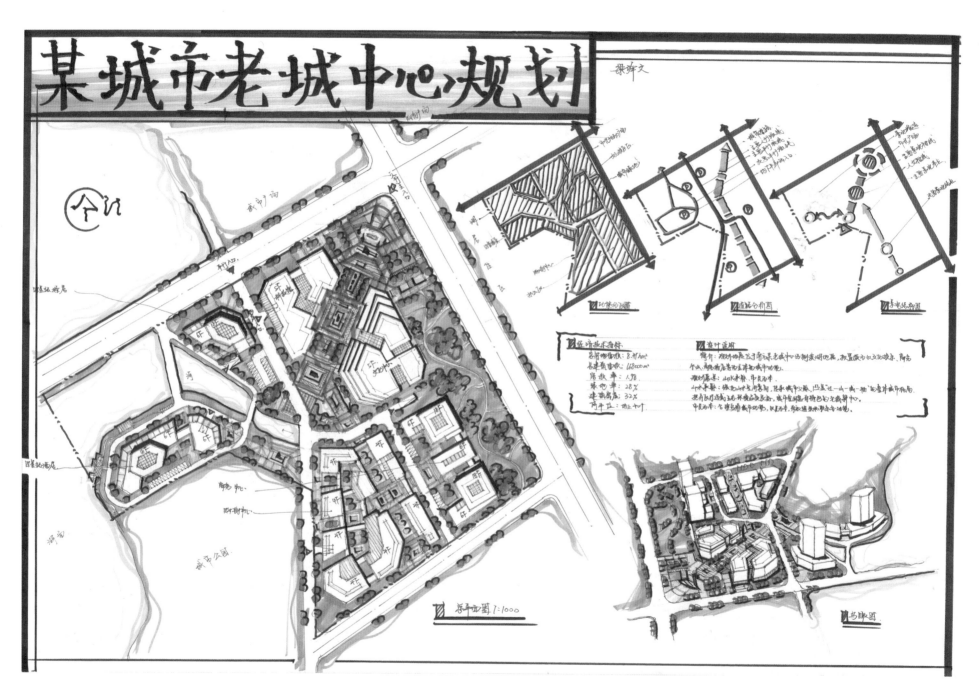

某城市老城中心规划

总平面图 1:1000

鸟瞰图

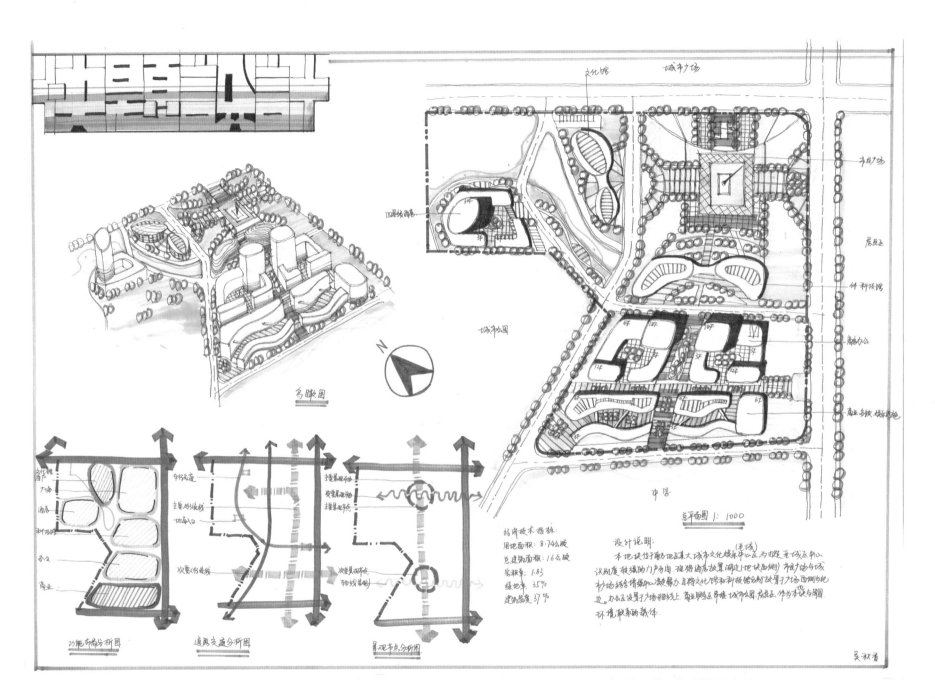

文化馆　　　城市广场

四星级酒店

本段广场

居民区

体科技馆

商务办公

城市公园

商业、餐饮、娱乐场地

中层

总平面图 1:1000

鸟瞰图

N

设计馆酒店
广场
酒店
科技馆
办公
商业

功能布局分析图

车行交通
主要水流线
地库入口
次要水步流线
(地库景观)

道路交通分析图

主要景观轴线
次要景观轴
主要景观点
次要景观点
(轴线景观)

景观节点分析图

经济技术指标：
用地面积：8.74公顷
总建筑面积：16公顷
容积率：1.83
绿地率：35%
建筑密度：37%

设计说明：
本地块位于南方地区某大城市文化娱乐中心区，(北段)为斟推。在该区中心
认知度较强的门户为用，视将酒店放置湖边(地块西侧)，本段广场与城
市场结合唱舞中心娱乐力。且将文化馆和科技馆分则放置于广场西侧文化
边。办公区设置于广场轴线上。商业服务及穿接城市公园，居民区。作为本块与周围
环境联系的载体。

吴秋看

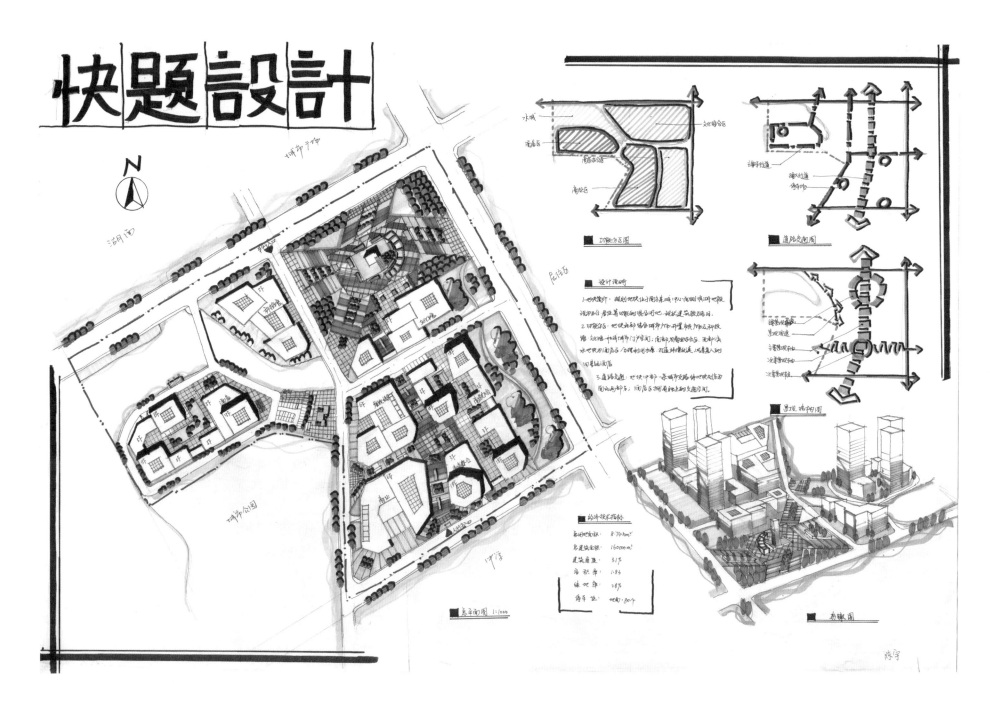

快題設計

N

穿"街"引巷

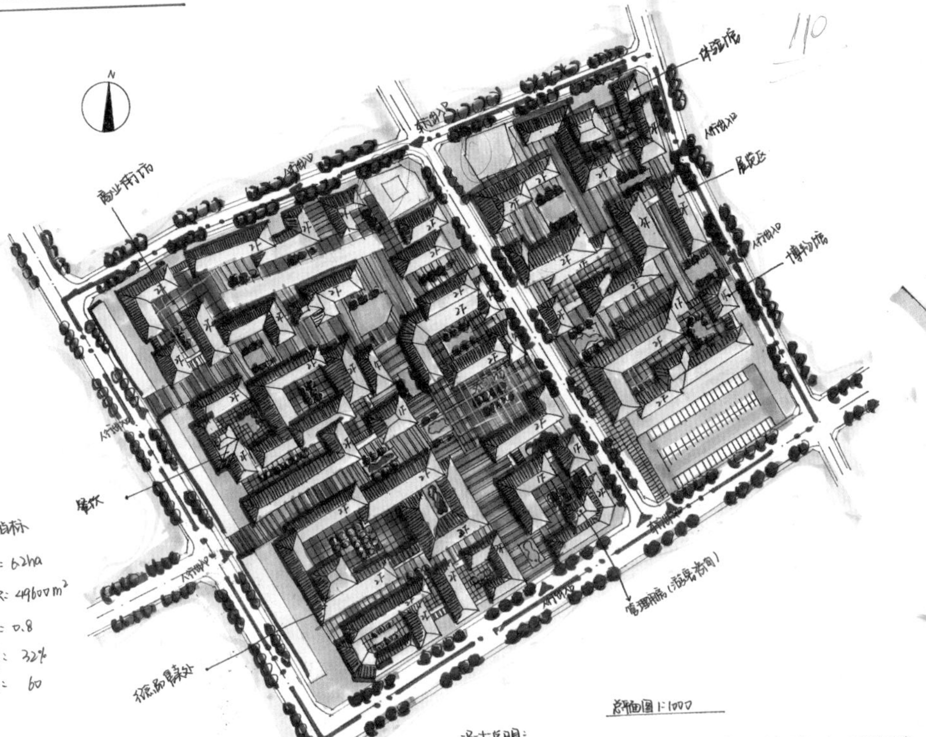

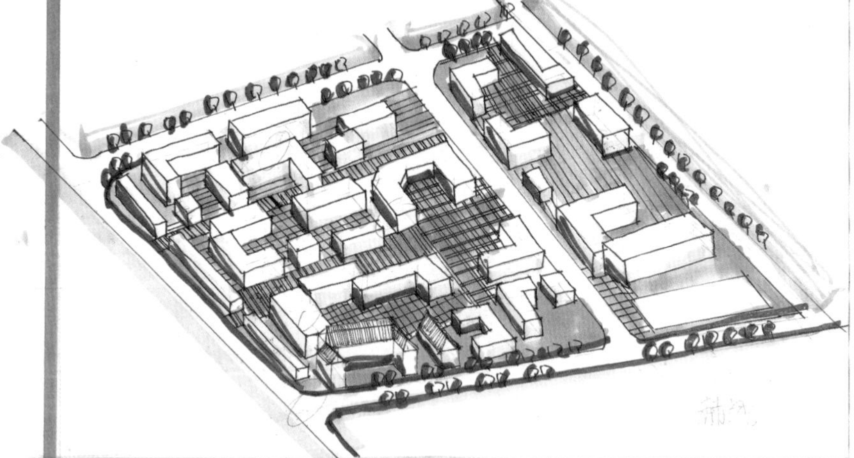

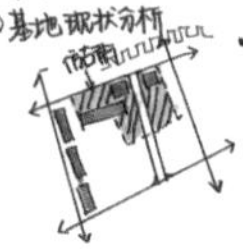

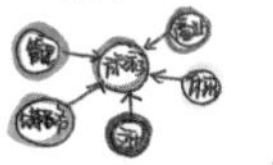

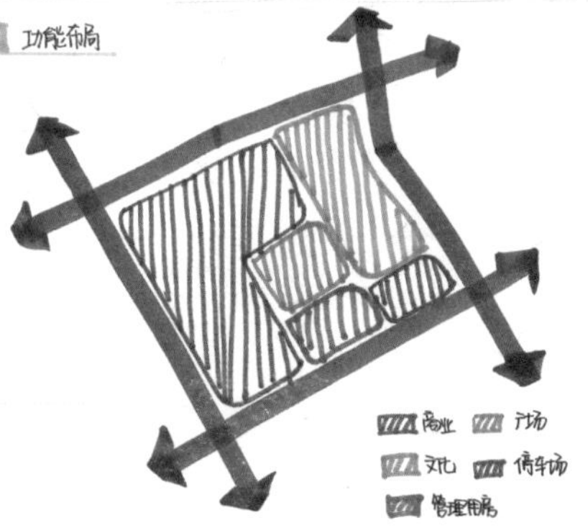

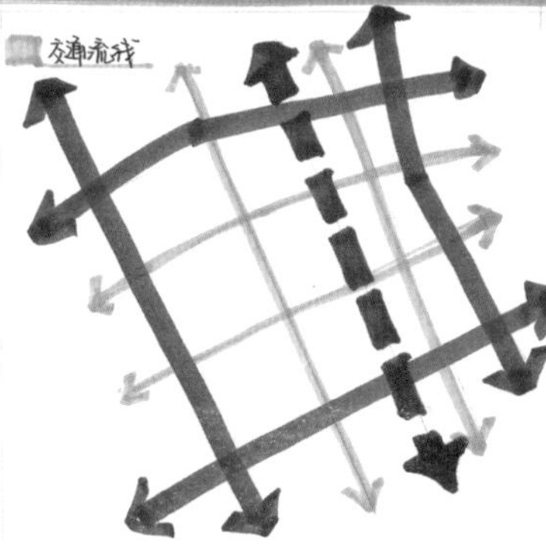

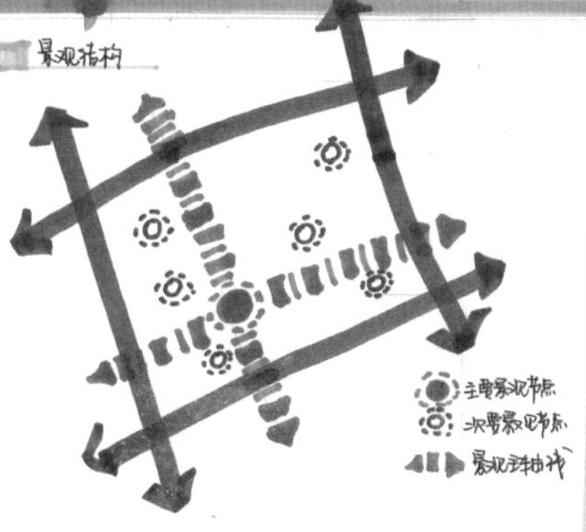

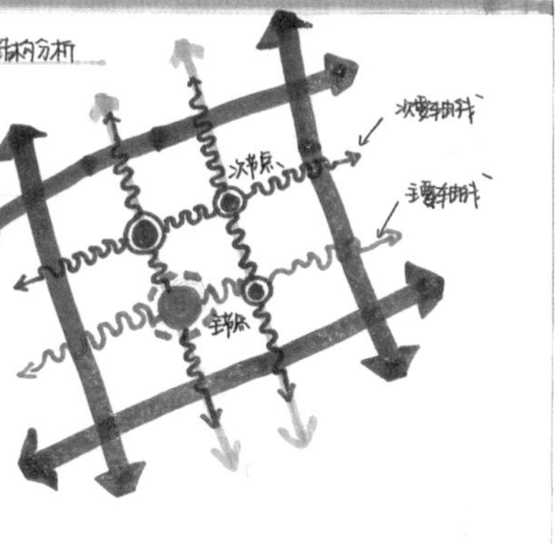

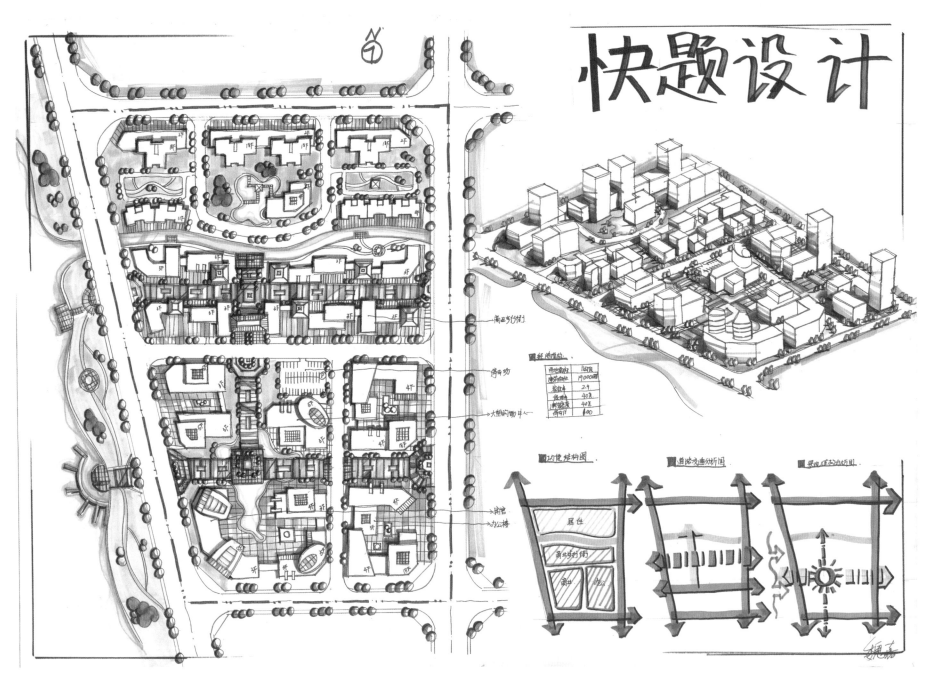

快题设计

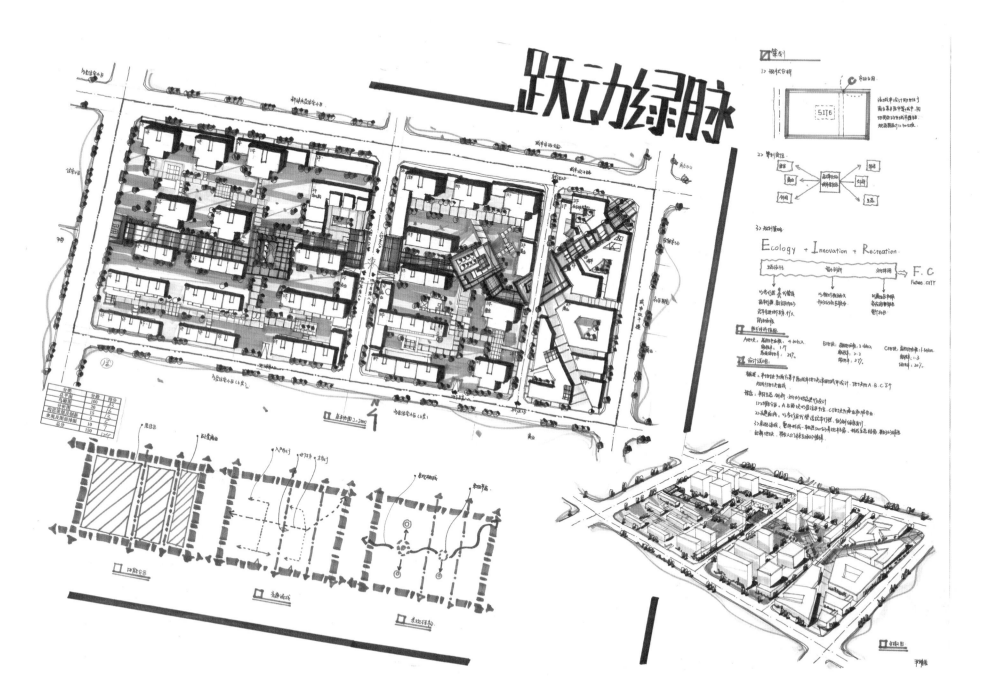

跃动绿脉

居住区设计

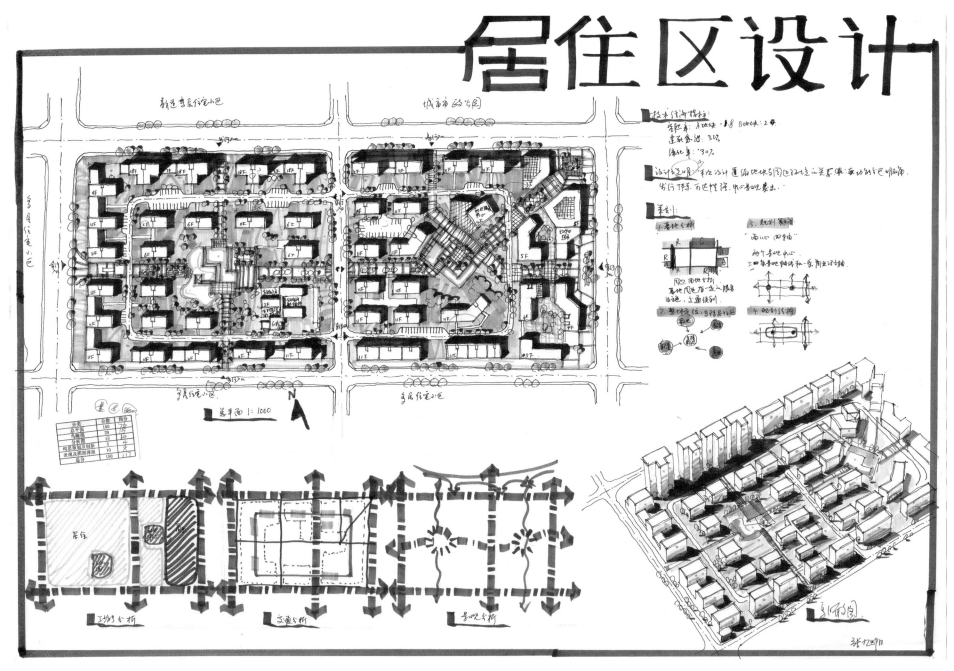

古城历史文化街区设计

分类	分数	得分
总平面	100	80
鸟瞰图	20	15
分析图	15	13
构思策划及创新	5	5
表现及图面排版	10	8
总分	150	123

分析图

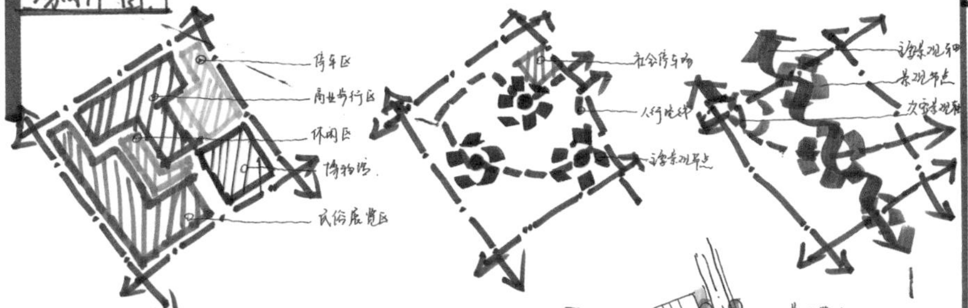
停车区
商业步行区
休闲区
博物馆
民俗展览区
功能布局分析
交通人流线分析
景观节点分析

总平面图

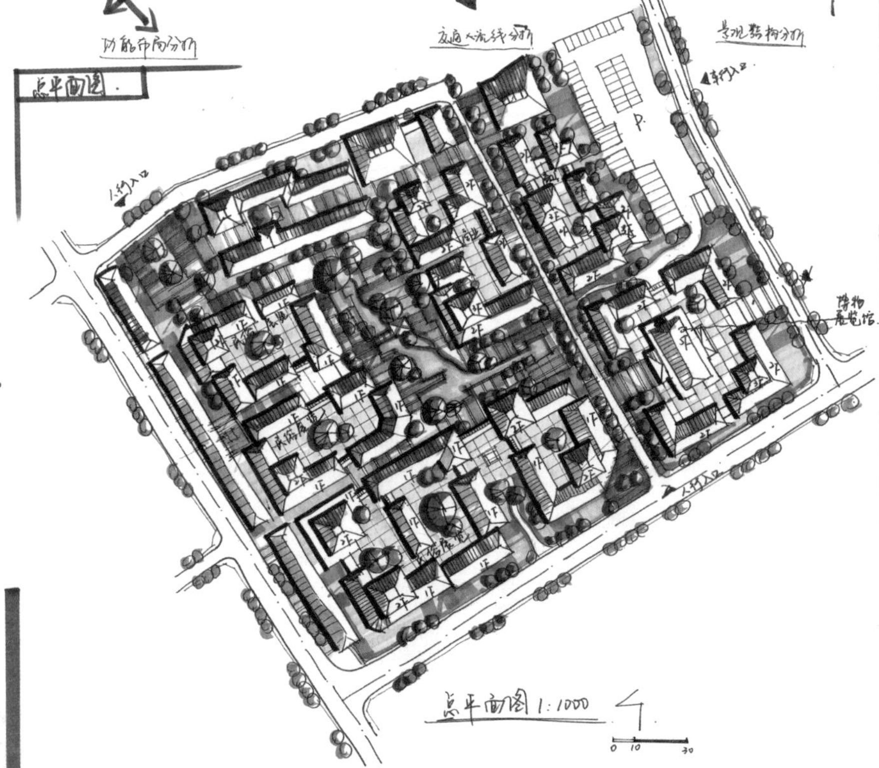
步行入口
车行入口
博物展览馆
P

总平面图 1:1000

鸟瞰图

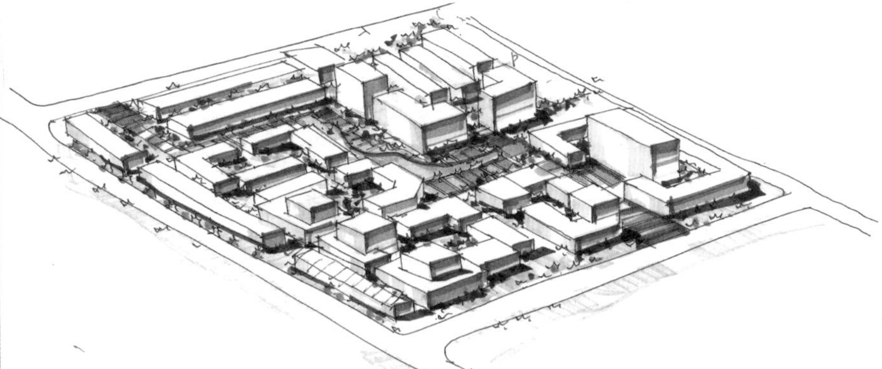

策略分析

规划用地面积：5.75公顷

容积率：0.79

总建筑面积：45420 m²

绿化率：35%

经济指标 说明

地段位于我国某个历史文化古城范围内，基地西侧为仿古商业步行街。

用地功能：本规划设置了文化展示区、商业步行区以及休闲区，其中，文化展示区分为博物馆以及民俗展览两个部分。

道路交通：本设计采用人车分流的方式，外来车辆在东北角进入停车场，人行流线由商业步行区开始，经几个民俗馆和组团，最后到博物馆，一路走走停停，景观优美。

策略分析

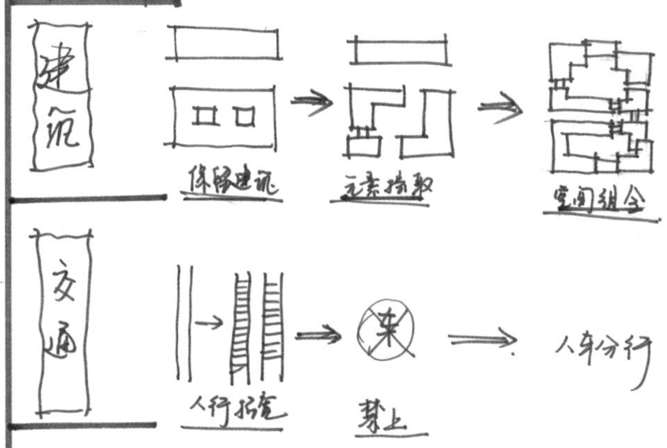
建筑
保留建筑
元素提取
空间组合
交通
人行步道
禁止
人车分行

韩豪

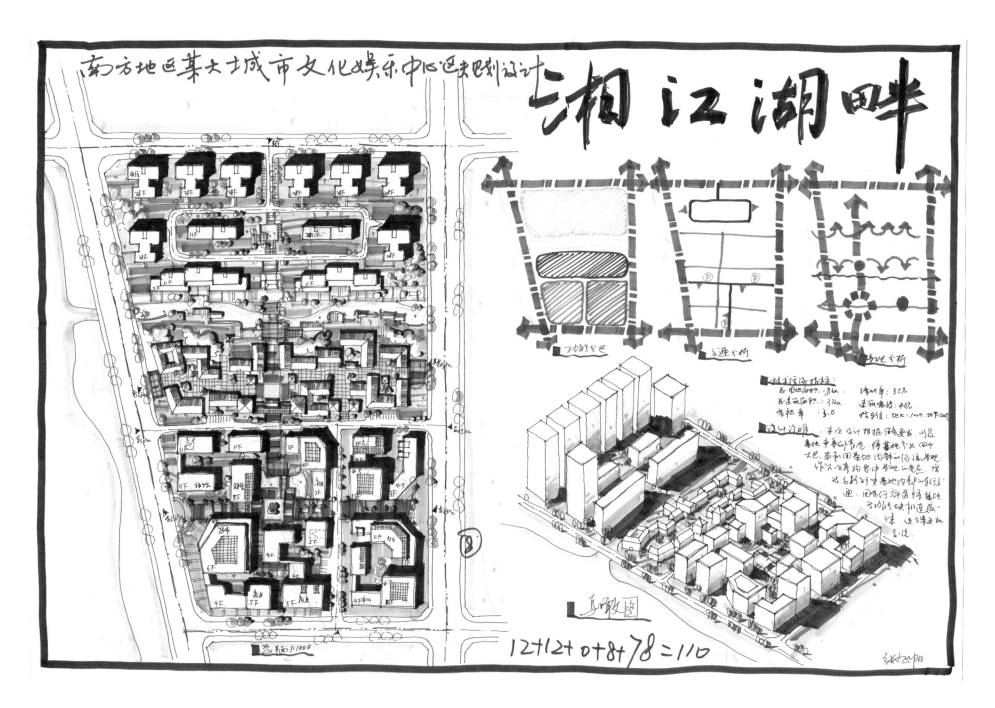

南方地区某大城市文化娱乐中区规划设计　湘江湖畔

功能分区　　　交通分析　　　用地分析

12+12+0+8+78=110

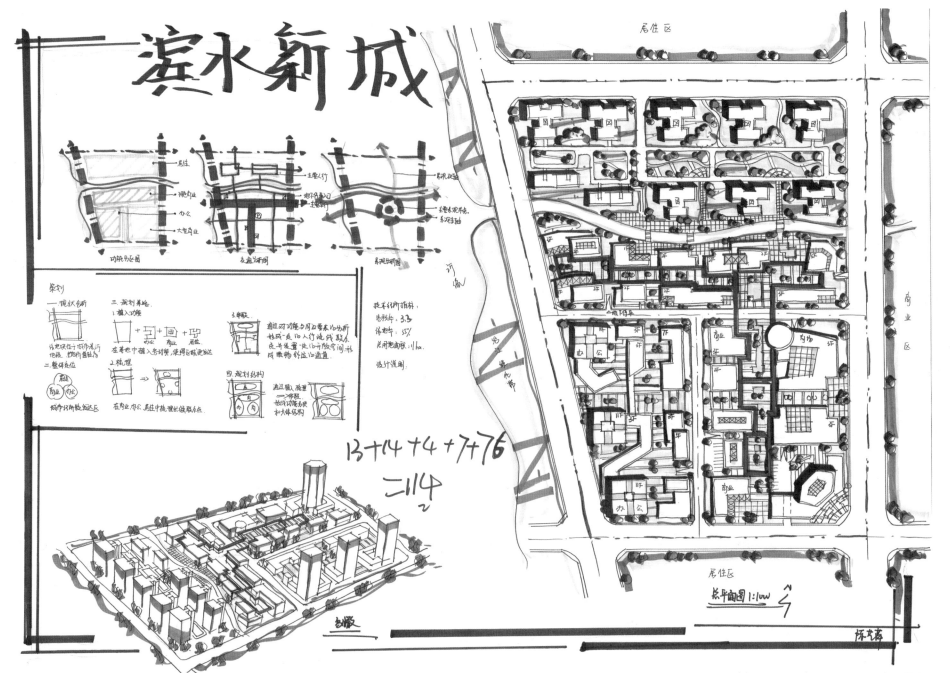

滨水新城

功能分区图

交通分析图

景观结构图

居住区

商业区

居住区

居住区

总平面图 1:100

13+14+4+7+76
=114

187

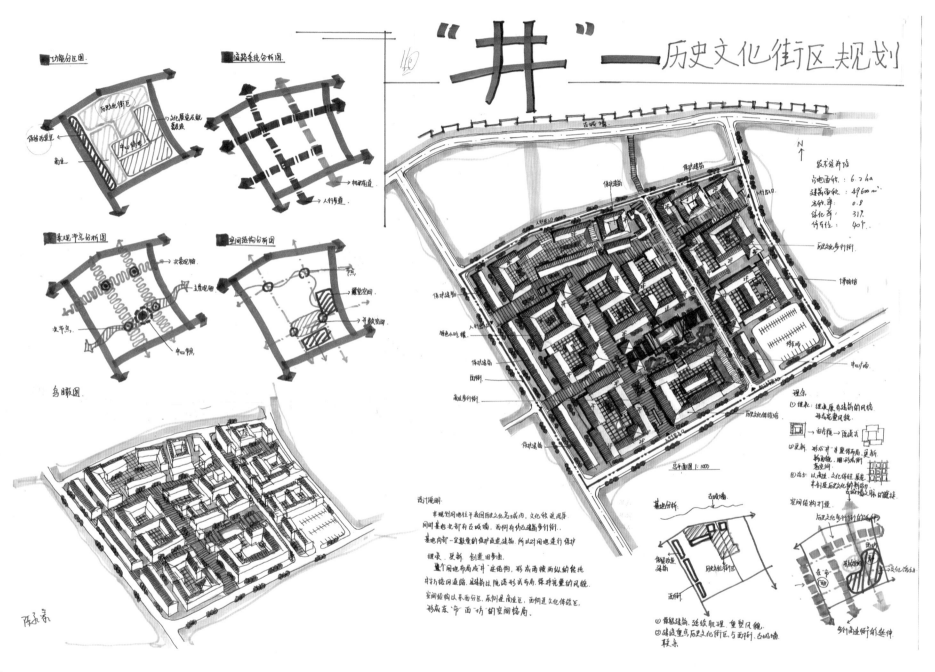

"井"—— 历史文化街区规划